对合成孔径雷达的
电磁调控无源干扰技术

王俊杰　冯德军　徐乐涛　张然　孙光　**编著**

電子工業出版社

Publishing House of Electronics Industry

北京·BEIJING

内 容 简 介

本书系统阐述了对合成孔径雷达的电磁调控无源干扰技术的最新研究成果，提出了无源间歇调制干扰理论与方法，讨论了干扰需要何种电磁材料、材料如何调控电磁波、调控电磁波对雷达产生什么效果等问题，分析了时间调制反射器的调控原理，编码信号调制模型，特征欺骗、变换、压制等干扰方法。

本书对从事人工电磁材料及雷达对抗领域研究的科技工作者和工程技术人员具有较高的参考价值，也可作为高等院校相关专业高年级本科生和研究生的参考书。

图书在版编目（CIP）数据

对合成孔径雷达的电磁调控无源干扰技术 / 王俊杰

等编著. -- 北京：电子工业出版社，2024. 9. -- ISBN

978-7-121-48933-4

Ⅰ．TN958

中国国家版本馆 CIP 数据核字第 2024V63D14 号

责任编辑：曲　昕　　　　　特约编辑：田学清

印　　刷：三河市双峰印刷装订有限公司

装　　订：三河市双峰印刷装订有限公司

出版发行：电子工业出版社

　　　　　北京市海淀区万寿路 173 信箱　　　邮编：100036

开　　本：787×1092　　1/16　　印张 11.75　　字数：216 千字

版　　次：2024 年 9 月第 1 版

印　　次：2024 年 9 月第 1 次印刷

定　　价：99.00 元

凡所购买电子工业出版社图书有缺损问题，请向购买书店调换。若书店售缺，请与本社发行部联系，联系及邮购电话：(010) 88254888，88258888。

质量投诉请发邮件至 zlts@phei.com.cn，盗版侵权举报请发邮件至 dbqq@phei.com.cn。

本书咨询联系方式：(010) 88254468，quxin@phei.com.cn。

前　言

合成孔径雷达（Synthetic Aperture Radar，SAR）是当前发展迅速的微波成像传感器，具备全天时、全天候、作用距离远等优点，能生成类比光学照片的高分辨雷达图像，是环境监测、地理遥感、战场侦察的重要传感器。随着 SAR 成像系统及解译技术的不断发展，雷达抗干扰能力显著增强，现代 SAR 系统具有极强的目标和环境认知能力。与此相应，如何有效对抗 SAR，实现信息防护，已成为当前雷达对抗领域的迫切需求，亟需创新发展 SAR 对抗理论和方法。

电磁调控材料是一种人工设计的的材料，具有自然界材料所不具备的电磁特征，可根据需求实现对辐射或散射的电磁波极化、相位、幅度等诸多参数的精细控制。将其用于对 SAR 回波调控，具有响应速度快、调控灵活等天然优势，能实现诸多传统无源干扰难以达到的干扰效果。正因如此，近年来，基于电磁调控的 SAR 干扰技术受到了业内学者的广泛关注，并逐渐成为雷达对抗领域的前沿和热点之一。

国防科技大学王雪松教授原创性地提出了间歇采样转发技术，解决了工程中天线收发隔离的基础性难题，创造了转发式干扰的新样式。受此启发，研究团队在国内率先开展了无源间歇调制干扰理论和方法研究，并进一步提出了对 SAR 的电磁调控无源干扰方法。近十年来，研究团队在对 SAR 的电磁调控原理与调制方法等方面取得了一些成果。本书着重介绍在此方面的研究进展，全书共 7 章。第 1 章概述了合成孔径雷达及其干扰技术、电磁调控材料无源干扰技术的发展现状；第 2 章从合成孔径雷达成像原理出发，介绍了距离高分辨、方位高分辨、距离-多普勒成像算法；第 3 章介绍了时间调制反射器的概念内涵，并从反射器谐波变换效应和目标图像调制两个方面阐述了 SAR 电磁调控无源干扰原理；第 4 章描述了幅度、相位调控材料的电磁机理，讨论了幅度调控材料及相应的数字编码控制系统；第 5 章从信号的角度介绍了周期性、随机编码、循环码间歇调制模型，结合仿真结果分析了调制信号及回波信号的时频特性；第 6 章介绍了基于有源频率选择表面和相位调制表面的二维编码调制波形，深入分析了特征欺骗、变换、压制干扰方法；第 7 章阐述了 SAR 干扰试验系统的组成、试验流程及数据处理方法，通过开展目标探测、干扰试验，分析了不同调制波形的干扰性能。

本书由国防科技大学王俊杰负责统筹编撰，其中，第1章、第2章由冯德军编写，第3章、第4章由王俊杰编写，第5章由张然编写，第6章由徐乐涛编写，第7章由孙光编写。此外，王金融、朱立文、吴悦菡等研究生为本书的校稿和排版工作提供了协助。电子工业出版社曲昕编辑对本书进行了审阅和校稿，在此表示感谢。

本书的出版获得了国家自然科学基金面上项目（No. 62371455）、青年项目（No. 62201589）的资助。在编写过程中，国防科技大学电子科学学院肖顺平、胡卫东教授及中国运载火箭技术研究院刘佳琪研究员，从篇章结构到技术内容，提出了宝贵的意见和建议，在此我们表示衷心的感谢！同时，我们也向本书所引用参考文献的有关作者表示诚挚的谢意，并感谢广大读者的热情支持。敬请各位业界人士斧正！

编著者

2024 年 8 月 于长沙

目 录

第1章 绪论

1.1 概述

合成孔径雷达（Synthetic Aperture Radar，SAR）成像技术具有全天时、全天候、作用距离远等优点[1-2]，在军事侦察、情报搜索、态势感知、遥感测绘等军用和民用场景中发挥了重要的作用。通过雷达成像技术生成的高分辨图像能够描绘目标尺寸、外形轮廓、姿态等精细几何结构特征，进而实现对目标的特征提取和识别。从雷达干扰的角度来看，核心任务就是破坏雷达对关键目标的成像能力，使雷达难以获取图像上的目标信息，或者通过欺骗方式迷惑雷达，使其难以分辨真实目标图像。**如何控制目标在图像上的雷达特征，已经成为雷达对抗领域的基础课题和紧迫任务。**

采用反侦察技术实现对成像侦察系统的扰乱，降低其作战使用效能是最常见的干扰手段。按照干扰效果进行分类，主要分为压制干扰、欺骗干扰[3-4]。大型支援干扰平台可以利用有源干扰机实现大场景虚假图像欺骗与特征压制，但存在着辐射功率大、易暴露、难以灵活装配等问题。自卫干扰一般采用固定式、挂载式、依附式将干扰设备安装于被保护目标上，具有灵巧、高效等特点，是目标最常见的伪装干扰方式。由于安装空间有限，因此相关干扰系统对侦察精度、发射功率等方面不能有过于苛刻的要求。

在自卫干扰系统中，信号波形调制技术已经成为系统不可或缺的组成部分。通过对截获的雷达信号进行相关的调制，能增加干扰样式与抗干扰能力。间歇调制技术作为一种典型信息调制手段，广泛应用于通信和雷达领域。2006 年，国防科技大学王雪松教授团队提出了间歇采样转发技术[5]，并探讨了应用于宽带雷达干扰的可行性。该技术常通过有源的方式实现，其利用数字射频存储器（Digital Radio Frequency Memory，DRFM）通过转发信号的脉内和脉间相干性获得较高的二维处理增益，从而大大降低了对干扰功率的需求。为了模拟真实目标的电磁散射特征，数字图像合成（Digital Image Synthesis，DIS）技术[6]或散射波调制技术[7]被应用到上述图像欺骗方法中，以将目标特征信息调制到截获信号上，实现具有相似特征的多假目标图像欺骗，以混淆雷达侦察系统，浪费雷达的有限资源。DIS 技术需要提取目标欺骗模板的每个散射点的幅度和多普勒信息，在不同的处理单元中对截获的信号执行精确的调制。同样，散射波调制需要考虑目标、雷达和有源干扰机之间的关系。由于侦察精度要求高和计算量大，它们对于设备和操作人员的要求较为苛刻。

无源干扰并不主动发射电磁信号，主要利用强反射器反射雷达信号产生虚假回波、高功率回波或减弱反射信号以达到破坏雷达对目标侦察的目的[8]。采用无源方式对雷达系统实施干扰具有天然的优势，如响应时间快、不易暴露、系统复杂度低等。目前，常用的无源干扰器材主要有箔条、角反射器、伪装网。**它们一旦加工制造完成，电磁散射特性就会相对固化，无法实现对电磁回波的实时复杂调制。**

人工电磁材料因具有超出自然材料限制的奇特电磁特性而备受关注，成为 21 世纪材料和物理领域的研究热点。其中电磁调控材料可以通过外加激励获得对电磁波特征量的灵活快速调控，受到了研究者广泛的关注[9]。在目标防护领域，传统研究从材料学科的角度分析其电磁特性，实现了目标雷达散射截面（Radar Cross Section，RCS）的缩减。**通过材料调控技术，可以使目标的电磁散射特性发生改变，这样本身不主动向外界辐射电磁能量，却可以实现对于被保护目标回波信号的调控功能。**从信号调制角度来看，相当于以无源的方式实现了有源调制的效果。从干扰效果来看，既可以实现多假目标特征欺骗，又可以改变或遮蔽真实目标雷达特征，还可以消隐目标的雷达特征，这对于弥补传统无源干扰技术的缺陷，具有重要的理论研究价值与军事应用意义。表 1.1 所示为针对 SAR 典型干扰样式的对比分析。

表 1.1   针对 SAR 典型干扰样式的对比分析

干扰样式	有源干扰		无源干扰		
干扰设备	有源干扰机		角反射器	伪装网或吸波材料	电磁调控材料
干扰效果	大场景虚假图像或目标图像特征欺骗	大场景图像特征压制	区域图像特征压制或欺骗	目标特征消隐	区域图像特征欺骗、压制、变换
优点	(1) 干扰效果多样 (2) 干扰区域广	(1) 侦察依赖小 (2) 应用范围广	(1) 操作简单 (2) 成本低廉	干扰效果好	可实现多种干扰效果的灵活切换
缺点	(1) 计算量巨大 (2) 干扰实时性较差	(1) 功率需求高 (2) 易暴露	无法灵活调控，适应性弱	(1) 无法灵活调控 (2) 对雷达信号参数适应性有限	保护区域有限

1.2 合成孔径雷达及其干扰技术

目前国外涉及合成孔径雷达干扰领域的研究单位包括美国海军研究院、美国雷神公司、美国厄尔道奇斯本、挪威国防研究院、俄罗斯卡鲁加 KNIRTI 无线电工程研究院、英国国防部海军研究院、澳大利亚阿德莱德大学、德国柏林科技大学、南非科技与工业研究院等。

近年来，受到应用需求的刺激和牵引，国内对于合成孔径雷达干扰技术的研究持续升温，在该领域研究工作普遍受到业内关注的高校和研究所包括：国防科技大学、西安电子科技大学、电子科技大学、北京理工大学、南京航空航天大学、南京理工大学和中国科学院空天信息创新研究院、中国电子科技集团第二十九研究所、中国电子科技集团第十四研究所、中国电子科技集团第三十八研究所、中国航天科工集团 8511 研究所、中国工程物理研究院等。

合成孔径雷达系统性能的提高和优化，不断对合成孔径雷达干扰形成新的挑战和威胁。把握当前合成孔径雷达系统的性能及合成孔径雷达干扰方法的局限，是研究新型、有效的合成孔径雷达干扰方法的基础和前提。

1.2.1 合成孔径雷达发展现状

自 1951 年 6 月美国 Carl Wiley 首次提出了多普勒锐化的概念，即利用雷达与目标的相对运动产生的多普勒频率来获得图像较高的方位分辨率，合成孔径雷达初登历史舞台。随着民用商业和军事作战对合成孔径雷达装置的极大需求，其已经走过光辉的七十载，大批新兴成像技术和先进合成孔径雷达系统不断涌现。

按照合成孔径雷达平台的不同可将合成孔径雷达分为机载、弹载、星载等多种类型。其中，机载、星载合成孔径雷达作为侦察打击一体化的重要实现手段，能够对目标及所在区域进行成像并对目标进行分类识别，是本节主要关注的对象。

有人机载合成孔径雷达系统：美国方面，F-22 "猛禽"战斗机装备的 AN/APG-77（V）雷达和 F-35 "闪电 II"战斗机装备的 AN/APG-81 雷达作为先进的火控雷达系列，均可以对地面目标进行 SAR 成像，对目标进行分类识别，还具备多通道 GMTI 和三天线对消干涉技术以完成对动目标的检测定位；欧洲方面，欧洲雷达联合体为"台风"战斗机研制的 Captor-E 雷达，法国 THALES 公司为"阵风"战斗机研制的 RBE-2 雷达，塞莱斯公司为瑞典 JSA-39E "鹰狮" 战斗机研制的 ES-05 雷达，均采用有源相控阵雷达完成对地面目标的高分辨率 SAR 成像，并为武器系统参数装订提供支撑；俄罗斯 Phazotron 为米格 29/35 战斗机研制的 Zhuk-AE "甲虫" 雷达，苏 27/30 战斗机研制的 N-001V "剑" 雷达和 T-50 战斗机研制的 NO36 "松鼠" 雷达，在对地工作模式下具有 SAR 模式、多普勒锐化模式和图像冻结等功能，还可保持对地面动目标的跟踪进而引导武器系统实现打击；以色列的 EL/M-2032 和 EL/M-2052 型雷达，空地模式下雷达可提供高分辨率 SAR 图像，通过 DBS、GMTI 等模式实现对地面动目标的探测和跟踪。

无人机载合成孔径雷达系统：美国方面有诺斯罗普·格鲁门公司为 MQ-1C "灰鹰" 无人机和 MQ-8C "火力侦察兵" 无人机研制的 AN/ZPY-1 STARLite 雷达、AN/ZPY-2 对地雷达和 AN/ZPY-3 对海雷达；诺斯罗普·格鲁门公司研制的 X-47B 无人机载 SAR 和 "全球鹰" 无人机载 HISAR 雷达；美国通用原子公司研制的 RQ-1A "捕食者" 无人机载 TESAR 雷达和 MQ-9A "死神" 无人机载 Lynx 雷达。另外，英国的雷神 Taranis 无人机载 SAR，欧洲的神经元 Neuron 无人机载 SAR，以色列的 EL/M-2022-U 型雷达和 Heron 苍鹭无人机载 SAR，土耳其 "安卡"-A Block B 无人机所携带的由阿塞尔森公司研制的 SAR 系统。无人机载合成孔径雷达系统主要用于支持地面情报侦察，通过 SAR 成像完成对地面目标的高分辨观测，确定和跟踪目标位置并引导武器完成打击任务。

星载合成孔径雷达系统：具有代表性的包含美国的未来成像体系卫星、长曲棍球侦察卫星、德国的 TerraSAR-X 侦察卫星、加拿大的 Radarsat 系列卫星、日本 "光学" 系列卫星、意大利 Cosmo-skymed 侦察卫星、以色列 TecSAR 雷达成像卫星、欧空局 ERS 系列遥感卫星等。

这些新型合成孔径雷达系统包括条带 SAR、聚束 SAR、扫描 SAR、GMTI 等多种工作模式，在完成对目标的检测和跟踪后引导武器系统完成打击，满足 "察打一体" 作战应用需求。除此之外，各国也不断改进和升级传统型号雷达，其中增加雷达成像模式几乎成为必选项。此外，合成孔径雷达的性能也在迅猛发展，大多具有高分辨、多波段、多极化、双多基地乃至三维成像能力。

相比之下，我国合成孔径雷达技术从 20 世纪 80 年代开始发展，历经四十余载。在技术研发和装备建设方面，多所高校和军工研究所将大量的人力物力投入其中，主要包含中国科学院空天信息创新研究院、国防科技大学、北京航空航天大学、西安电子科技大学、北京理工大学、电子科技大学、中国电子科技集团和中国航空科技集团等。毫无疑问，我国成像技术总体发展水平相对于欧美先进国家差距较大，前路任重而道远。

1.2.2 合成孔径雷达干扰技术

1.2.2.1 理论方法

关于合成孔径雷达干扰技术的研究，目前国外在此方面的公开报道鲜有出现，有限的文章涉及单位有美国莱特州立大学、美国海军研究生学院、美国航空航天研究所、英国海军研究所、挪威国防研究院、埃及军事技术学院等[10-11]。在国内，关于合成孔径雷达干扰技术的研究颇多，主要包括国防科技大学、西安电子科技大学、上海交通大学、北京理工大学、哈尔滨工业大学及相关军工研究所等[12-13]。

按照干扰效果进行分类，主要分为压制干扰[14]、欺骗干扰[15-16]。压制干扰技术通常采用高功率有源干扰机发射非相干或部分相干的强压制干扰信号，利用强的干扰信号能量完全遮盖目标特征以破坏雷达图像原有灰度特性，影响雷达判图员对目标正确的判读。由于成像处理具有较高的二维脉冲压缩增益，因此图像特征压制干扰技术从完全非相干向部分相干技术发展。欺骗干扰通过相干的欺骗干扰信号在雷达图像上生成与真实目标高度逼真的虚假目标，以影响雷达系统或雷达操控手的判断与操作，最终达到以假乱真、消耗雷达资源的效果。图像特征欺骗优势在于生成的干扰信号具有较大的脉冲压缩增益，因此大大降低了对干扰功率的要求。

按照作用对象进行分类，合成孔径雷达干扰技术可分为 SAR 干扰、InSAR 干扰、SAR-GMTI 干扰、PolSAR 干扰及组网合成孔径雷达干扰等。InSAR 干扰在于利用干扰信号阻碍系统对于高度维信息的反演，以使三维地形图像失真。SAR-GMTI 干扰是一种阻碍系统对运动目标成像的干扰方式，已成为新体制合成孔径雷达干扰的热点。PolSAR 干扰主要是阻碍雷达系统对于极化信息的利用，目前在此方面的研究相对较少。以上干扰方式主要针对单站成像系统，随着先进雷达系统的出现，组网合成孔径雷达系统的干扰将成为未来研究的热点。

按照实现方法进行分类，合成孔径雷达干扰技术可分为直接数字合成[17]、移频调制[18]、微动调制[19]、散射波调制[20]、卷积调制[21]、间歇采样转发[5]等。间歇采样技术在 2006 年由国防科技大学王雪松教授提出，起初用于解决工程中天线的收发隔离问题，随着雷达技术的发展，间歇采样技术已经有了更多的应用方式。刘晓斌博士将间歇收发的方法应用于雷达半实物仿真，解决了大脉冲不能进小暗室的问题[22]。吴其华博士探索了间歇采样脉冲作为发射波形的可能性，验证了其在图像重构方面具有的优势性能[23]。间歇采样技术应用最为广泛的是雷达干扰方向，其对截获的雷达信号进行固定时间采样并将获得的样本转发给雷达，紧接着继续采样并转发剩余信号，此步骤交替进行，直至整个脉冲转发完成，其本质是一种幅度调制方式，雷达接收机收到转发后信号经成像处理，能够生成距离向的假目标。经过 18 年的发展，该技术已经被应用在去斜宽带雷达干扰、SAR 干扰、SAR-GMTI 干扰等，获得了一系列的研究成果[9-26]。图 1.1 对合成孔径雷达干扰技术进行了分类与归纳。

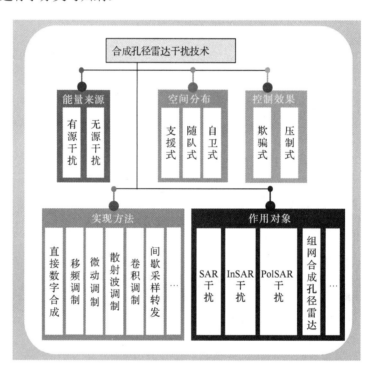

图 1.1　合成孔径雷达干扰技术分类与归纳

合成孔径雷达干扰技术已经在这些年取得了长足的进步，但是该技术仍然有许多跨不过的难题亟待解决[27]，如下。

（1）昂贵的成本及易暴露的风险。

压制干扰技术需要利用强干扰信号对雷达图像进行噪声覆盖，因此需要很高的干扰机发射功率，对成本要求颇高。目前来说，空天侦察系统往往处于实时开机状态，较高的发射功率必然带来易暴露的风险，如何有效地处理这一矛盾是电子对抗界的难题。有源图像特征欺骗技术首先需要精确的先验信息，对侦察信息的准确度依赖极高，往往需要先进的侦察系统及消耗大量的人力获取相关信息，如雷达信号参数、载机平台运动参数，参数的估计误差往往导致欺骗干扰的失真与失效。随着宽带合成孔径雷达分辨率的升高，将假目标或场景欺骗模板调制到信号时，由于虚假散射中心数量巨大，因此信号处理器需要很高的计算处理效率。

（2）与真实场景图像融合度不足，雷达图像不逼真。

合成孔径雷达干扰往往分为两个层面，第一个层面是对雷达系统本身的干扰，第二个层面是对雷达判图员的干扰。从目前干扰效果来看，很多干扰类型能够干扰本身雷达系统，但由于不符合真实目标场景的状况，难以实现第二个层面的干扰。有源干扰一般是利用有源干扰机，干扰信号从一点进行辐射，并不像无源干扰与天然环境完美融合。例如，对 SAR 进行图像特征欺骗干扰，将桥梁欺骗模板调制到某河流地形，但由于干扰对象 SAR 作为非合作目标，对于参数获取存在误差，形成的干扰图像变成桥梁一端在河中央，另一端在岸上，同时桥梁的亮度往往大于周围场景。这种类型的虚假特征图像可能能够欺骗雷达系统本身，但无法欺骗有经验的雷达判图员。

SAR 干扰系统需要利用到合成孔径时间内回波的多普勒频率，对其进行方位向脉压，但合成孔径雷达作为非合作目标，干扰方难以获知精确的多普勒频率，造成干扰信号经合成孔径雷达处理后图像散焦现象。再者，通过电磁散射模板产生的干扰信号，始终与真实目标存在一些差异，也会导致生成的假目标逼真度不够等问题。

1.2.2.2　无源干扰技术

无源干扰技术通过布置许多强散射体于被保护目标周围或目标本体上，这些强散射体产生的回波往往强于被保护目标本体回波，经雷达成像处理后在图像上形成压制区域或虚假目标图像，雷达判图员难以发现和识别。作为一种较为传统的干扰方式，依靠反射的方式，无源干扰并不主动辐射电磁波且能够实时响应，其存在不易暴露、系统复杂度低、与天然环境融合、操作简单、成本低、灵活性强、适合大范围部署等天然优势。强散射体往往需要具有较大的 RCS，如图 1.2 所示，目前应用较为广泛的无源干扰装置为角反射器。

角反射器是一种高效的无源干扰装置，一般是由两块或三块金属面相互垂直构成的刚性结构，使雷达来波沿着入射方向反射回去，具有较大的 RCS。其尺寸需要大于雷达波长，边长越大，反射能量越高。在实际作战中，角反射器既可以用来模拟坦克、舰船、飞机等地面、海上、空中目标，也可以利用其强散射特性扰乱目标在雷达图像上的特征。早在诺曼底登陆战役时，盟军利用角反射器制成的小船模拟大型军舰入侵的场景，扰乱了德军的防御系统，为战争的胜利奠定了基础。目前较为先进的角反射器干扰装置包含英国研发的 MK 59 Mod 0 角反射器阵列，以色列拉斐尔公司研制的"宽带速移反雷达诱饵（WIZARD）"，美国研制的 SLQ-49 及十二面网式角反射器。在技术研究方面，91404 部队张志远对角反射器工作原理、应用现状、未来发展进行了全面的总结[28]。国防科技大学王雪松教授在著作中论述了旋转角反射器的微动特性，并讨论了其应用于成像雷达压制干扰的可能性。

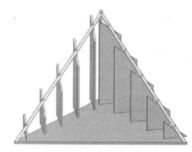

图 1.2　角反射器干扰

传统无源干扰装置并不具备真正的自适应能力，它们一旦加工完成，就难以实现实时的变化，因此其雷达散射特性基本固定，同时无源散射体无法对回波进行复杂调控，干扰效果受到限制。对于旋转角反射器这类新型无源干扰器，因其受限于转轴的速度，仅能够实现方位向的干扰条带，无法实现距离上的扩展。当需要进行大面积压制时，要求大量旋转角反射器沿距离向摆放，此种方式不利于布置。

1.2.2.3　隐身技术

隐身技术又称为低可探测技术，其本质是降低目标 RCS 以减弱回波信号防止被雷达探测和识别[29]。早在第二次世界大战，德军在舰船上使用了涂覆性吸波材料以防被盟军雷达发现。目前世界上大量先进军事装备包含隐身技术的运用，如图 1.3（a）和图 1.3（b）所示，具有代表性的包括美国 F-117、F-22、F-35 隐身战斗机，B-2、B-21 隐身轰炸机，"海影号"试验舰，"朱姆沃尔特"隐身驱逐舰，俄罗斯苏-57 隐身战机，法国 AMX-30DFC 隐身坦克，波兰 PL-01 隐身坦克等。

雷达隐身技术按照实现的方式可分为外形隐身技术和材料隐身技术。外形隐身技术通过改变目标外形设计以消除强散射源，是实现重要军事目标隐身最直接且最有效的方式。但外形隐身技术有时会影响目标必要的功能，只能实现一定程度的隐身，往往需要搭配材料隐身技术弥补其部分的缺陷。如图 1.3（c）所示，伪装网是另一种有效的无源隐身装置，其通过遮盖的方式减弱被保护目标的电磁散射，以消除装备的外形特征。

（a）"朱姆沃尔特"隐身驱逐舰

（b）B-21 隐身轰炸机

（c）伪装网防护 M1A1 坦克

图 1.3 先进隐身伪装装备

隐身材料主要包含涂覆性吸波材料和结构性吸波材料，如铁氧体、等离子体及超材料为代表的新型吸波材料，其技术整体向着"轻、薄、宽、强"的趋势发展，即质量轻、厚度薄、频带宽、吸波强[29]。如图 1.4 所示，随着石墨烯技术的发展，基于石墨烯的复合吸波体成为近几年的研究热点，能够实现太赫兹多频点的完美吸波，吸波效率可达99.6%；在微波吸波频，可以实现 7GHz～22GHz 频段−10dB 的吸波效应。

隐身技术能够使图像上雷达目标特征得到极大程度的削弱，雷达系统和判图员在图像上无法获取任何信息，被认为是最佳的防护手段。但实际中并非如此，主要包含以下原因。

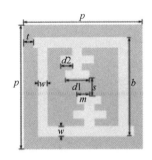

图 1.4　石墨烯吸波材料

对雷达的适应性弱：隐身技术往往对工程应用条件严苛，对入射信号频率、方向、极化等信息较为敏感，无法保证对不同雷达系统的通用性。

电磁特性固化：与无源干扰装置类似，目前的隐身装置或材料电磁特性固化，无法实时调控，适应性差。

图像融合度差：目前的吸波材料往往置于目标的关键位置，无法大范围覆盖，而目前的雷达成像信号带宽往往很宽，分辨率高且增益大，完美的吸波导致图像吸波点往往与周边区域难以融合，图像就会显得突兀，引起判图员怀疑。

综合分析，无源防护技术包含四个核心问题限制了它的发展：一是灵活性差，装置一旦加工完成，特性就会被固化，难以实现回波的复杂调控；二是操作带宽较窄，无法实现宽频覆盖；三是方向性弱，难以实现宽角域的覆盖；四是对入射波的极化信息敏感，难以实现全极化响应。

1.3　电磁调控材料无源干扰技术

近年来，随着电磁调控材料的不断发展，其能够实现对于电磁波幅度、相位、方向、极化等电磁特征的灵活调控，改变目标的电磁特征。例如，将其应用于 SAR 干扰领域，相当于以无源的方式实现了雷达目标特征的快速切换，破坏目标雷达成像特征，有望解决目前困扰无源防护的难题。接下来，本节将对电磁材料调控技术的研究现状进行综述，在此之后将进一步探讨电磁材料调控技术应用于无源干扰领域的现状。

1.3.1 电磁调控材料的发展

21 世纪以来,人工电磁材料因其具备传统材料所不具备的物理性质(负折射率、负磁导率及负介电常数等)及带来新的物理现象(负折射、超常反射与透射等),成为材料学和电磁学等领域的研究热点[30-31]。

电磁调控技术作为人工电磁材料里面最活跃的课题,引来科学工作者持续的研发和跟踪,其相关技术在无线通信、雷达成像、电子对抗等广大领域具有重大的应用价值。从调控电磁波特性的角度来看,其主要包括幅度调控、相位调控、波束指向、极化调控。

1.3.1.1 幅度调控

利用人工电磁材料调控电磁波幅度的研究较早,其中最具代表性的为频率选择表面。20 世纪 60 年代频率选择表面(Frequency Selective Surface,FSS)的概念一经提出便受到业界普遍关注,在探测、通信和低散射技术领域得到了巨大的应用。

如图 1.5 所示,FSS 是由贴片或缝隙单元结构组成的二维周期性阵列结构,对入射电磁波具备选择透过作用以实现电磁波的幅度调控,即可以选择性地使特定频率的入射电磁波能量透过自身结构或反射回自由空间。目前广泛应用于天线、电磁兼容、空间滤波器和吸波体等领域[32]。作为吸波体,主要的研究集中在宽带、广角域、极化不敏感吸波屏的设计。为了适应工程应用的需求,柔性 FSS 吸波屏是目前研究的重点,CHEN H 等人提出了柔性多层 FSS 吸波屏,并在 9.6GHz~20.2GHz 实现了良好的吸波效果[33]。

图 1.5 柔性 FSS 吸波屏

在实际应用中,一旦制造了 FSS 样品,FSS 的电磁特性就固定了。在此背景下,具有调控功能的有源频率选择表面(Active Frequency Selective Surface,AFSS)

应运而生。AFSS 是在 FSS 单元图形间加载一系列可变有源器件而构成的具有可调电磁特性的新型结构。其中可变有源器件受到外接偏置电路控制，能够实现特定频带的开关控制，具备极强的灵活性。华中科技大学陈谦与江建军从调控机理、电磁分析方法、应用现状对 AFSS 的研究进行了全面总结[34]。目前，AFSS 研究主要包括可操控天线、可调吸波体、传输/反射滤波器、吸波/传输滤波器、开关型反射/吸波等。

在吸波体的研究上[35]，Smith 团队利用传输线模型研究了宽带 AFSS 吸波结构，为 AFSS 吸波体的快速发展奠定了理论基础。英国谢菲尔德大学的 A.Tennant 和 B.Chambers 教授在该领域研究颇深，他们提出了一种由领结型有源阻抗层、介质层与金属底板组成的 AFSS 吸波体结构，能够获得 9GHz～13GHz 频带范围内反射特性的动态控制。沈忠详团队研究了基于双方环单元的 AFSS 吸波体，兼具频带宽与厚度薄等特点。

通过偏置电路的开与关切换 AFSS 在特定频段的散射状态[35-36]实现对电磁波的幅度调控。当处于隐身状态时，AFSS 吸收入射的电磁波以避免保护目标被雷达探测；当处于反射状态时，其可充当完美反射器，并使被保护目标定期闪烁。开关型 AFSS 反射/吸波屏可应用于压缩成像，其利用可切换反射器阵列形成频率选择性空间光调制器。

近年来，大量的研究主要关注于 AFSS 反射/吸波屏特性设计上，以获取良好的电磁性能。迄今为止，多篇文献已经报道了可切换的 AFSS 反射/吸波屏文章，在 AFSS 反射/吸波屏的报告中，KONG P 等人设计了一个嵌套的高音开口环结构，以便在 4.1GHz～7.3GHz 的单极化方向上获得−9dB 的幅度调制[37]。如图 1.6 所示，GHOSH S 等人提出了一种极化不敏感的四象限对称方形环路结构，可以在 3.56GHz～8.16GHz 的频率下实现−9dB 的幅度调制[38]。LI H 等人研究了具有集成偏置网络的超元素结构，可以实现 5.08GHz～11.15GHz 的双极化−8dB 幅度调制[39]。总的来说，大多数存在三个主要问题：可切换带宽窄、极化敏感性弱，以及复杂的偏置网络。

在雷达干扰领域，对宽带可切换特性的要求很高，但是在大多数可切换 AFSS 反射/吸波屏设计中仅展示了较窄的可切换工作带宽及较小的调制范围。为了同时获得可切换调制带宽，应该精心开发 AFSS 单元结构和偏置网络。

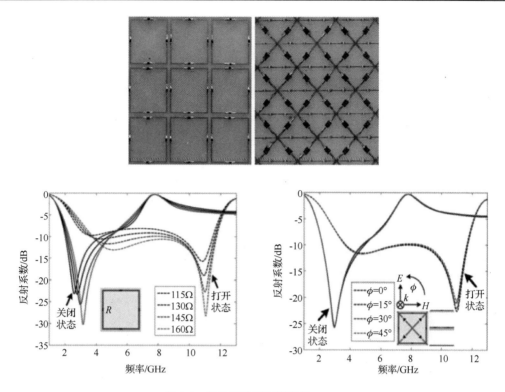

图 1.6　极化不敏感幅度调控 AFSS

1.3.1.2　相位调控

相位调控最初采用有源的方式，使信号相位偏离值随调制信号成比例变化，广泛应用于通信领域，包括二进制相移键控。在数字通信中的相位调制是一种非线性方式的调制，通过有限个离散值表征相位变化，相位调制技术能够大大增强信号传输的可靠性。

在材料相位调制技术中，如图 1.7 所示，相位调制表面（Phase-Switched Screen，PSS）是由英国谢菲尔德大学的 B.Chambers 教授和 A.Tennant 教授共同提出的一种具备相位调制功能的结构型吸波材料，常用于降低被保护目标的 RCS。PSS 利用有源阻抗层通断对雷达入射波进行间歇相位调制，已调反射信号在频域产生频谱搬移的效果，而原始入射载频处信号能量为零，实现了被保护目标的低可探测性。

电磁特性及原理研究方面，B.Chambers 和 A.Tennant 两位教授研究颇深，发表了多篇关于此方面的文献[40]。他们利用传输线理论和信号理论分析了 PSS 原理，在此基础上，采用时变开关阵列方法研究了 PSS 的电磁特性。根据时域有限差分法对 PSS 进行仿真分析，并利用交织单元对相位调制表面产生的单边带进行相应调制。除此之外，其团队还研究了 PSS 电磁波斜入射条件下的隐身特性、多层 PSS 对电磁波的调制特性。

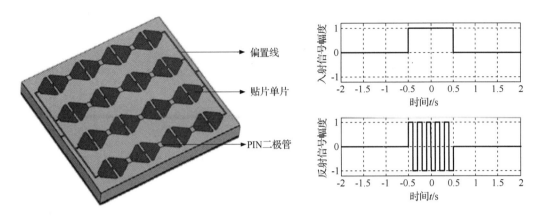

图 1.7　PSS 平面结构

国内对 PSS 的研究较为深入的有南京邮电大学、南京航空航天大学、国防科技大学，通过他们不懈的努力加深了 PSS 在雷达隐身领域的理论和应用。国防科技大学谢少毅将无源相位调制表面和有源相位调制表面进行结合，设计了增强型有源相位调制表面（Enhanced Active Phase Modulating Surface，EAPMS）[41]。南京邮电大学傅毅等人研究了差分进化算法在相位调制表面应用的可行性，该方法大大减少了结构散射回波在原始频点的信号能量[42]。

如图 1.8 所示，人工磁导体是一种能够实现相位调制的人工电磁结构，其在结构介质基板一侧添加微小结构，并利用过孔的方式连接到全金属表面，以获得对电磁波的相位调控。作为一种谐振式结构，工作频带往往较窄，拓宽工作频带是近年来研究的热点。

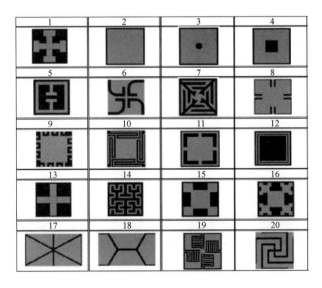

图 1.8　人工磁导体相位调制特性

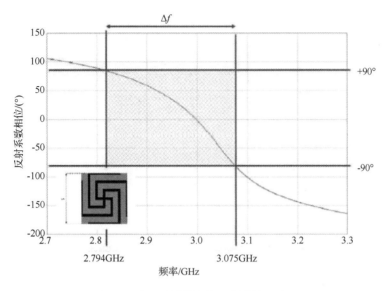

图 1.8　人工磁导体相位调制特性（续）

1.3.1.3　波束指向

波束指向的概念来源于有源相控阵天线，其通过移相器控制结构中每个阵元的相位，实现天线方向图最大值指向的灵活调控。

在 20 世纪 60 年代初期，时间调制阵列（Time Modulated Array，TMA）的概念被提出，实现了波束扫描和超低旁瓣效应，如图 1.9 所示。与传统相控阵天线不同，TMA 使用时间调制器代替数字移相器，并且它们通过调整调制脉冲的时间延迟来控制相移，其具有更简单的电路及更低的成本。随着硬件水平的提升及高速射频开关的出现，TMA 系统变得更具实际价值并迅速引起了研究人员的极大兴趣。目前，其在自适应波束形成、回溯阵列、多输入/多输出（Multiple Input Multiple Output，MIMO）系统被广泛应用[43]。

图 1.9　时间调制阵列

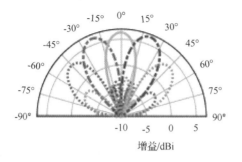

图 1.9　时间调制阵列（续）

波束指向的研究热点是超材料。2014 年，东南大学崔铁军院士团队提出了对超材料或超表面进行编码的概念，如图 1.10 所示，超材料的电磁特性是通过具有相反相位响应的数字编码粒子"0"和"1"进行表征的[31]。结果表明，通过改变"0"和"1"的编码顺序可以灵活控制电磁波的波束指向。同时，数字编码粒子"0"和"1"搭建了物理空间和数字空间之间的桥梁，以致出现了数字超材料、可编程超材料、空时超表面的新型概念[44]。在此基础上，将信息科学中的概念和信号处理方法引入物理超材料中，实现对电磁波的最终控制。

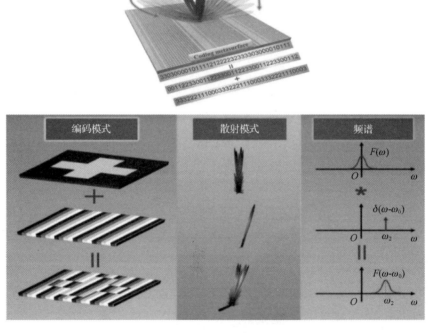

图 1.10　编码超材料

1.3.1.4 极化调控

极化特性是电磁波的固有特性，表征电磁波电场强度随时间变化的特性，许多电磁效应都与极化息息相关。极化调控技术被广泛用于各类微波和光学系统，其中包括雷达探测、无线通信等。

如图 1.11 所示，极化旋转表面作为一种重要的极化调控电磁结构，能够将入射电磁波的极化方向旋转特定的角度，近几年已经在微波和准光学频率被深入探讨[45]。一般来说，极化旋转表面分为透射型和反射型两种，可以实现对透射或反射电磁波极化特性的调控。反射型是本节的关注点，器件结构较透射型的器件结构要求更高，但由于一个空间内的反射波和入射波相互影响，因此转换效果会遭到破坏。

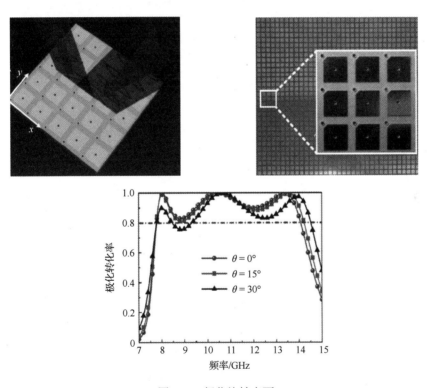

图 1.11   极化旋转表面

1.3.1.5 调控方式

上述对电磁调控技术进行了详细的描述，这些调控技术往往需要外加激励进行实现。外加激励是通过主动控制人工电磁材料的物理性质使结构电磁特性发生改变的一种方式。目前主要包括机械调控、电控调节、电解质调控、光照温控调节等。下面主要介绍应用于人工电磁材料最为广泛的两种调控方式，即机械调控和电控调节。

如图 1.12 所示，机械调控中最具代表性的为微机电系统（Micro Electro Mechanical Systems，MEMS）开关[46]，其通过材料单元的几何形状、结构和配置来调整超材料电磁特性。基于 MEMS 超材料的主动调控主要依赖于热机械、磁机械、光机械等方法。值得注意的是，由于单位结构尺寸的原因，实现亚波长机械调控的难度较大，因此大多数报道的 MEMS 超材料在太赫兹频段下产生共振。尽管最近已经开发了几种可调谐的红外超材料，它们具有交替的可弯曲和不可弯曲的臂及嵌入纳米悬臂的开环谐振器，但是在红外波段中难以有效地调谐纳米级谐振器，因此在短波范围内调控仍然具有挑战性。

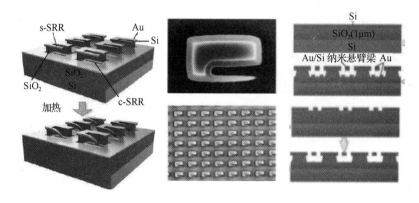

图 1.12　机械调控超材料结构

电控调节因具有更快的速度及更加灵活的操作性，在超材料调控方式中应用最为广泛，其开关器件一般包含 PIN 二极管[47]和变容二极管。两种可变二极管的基本结构都是 PN 结，不同的是，PIN 二极管在 P 和 N 材料之间添加了本征半导体层。当 PIN 二极管施加正偏电压时，结构呈低阻抗特性，电路导通。相反，外加反偏电压时，结构呈高阻抗特性，电路截止。变容二极管利用外加反偏电压实现其容抗特性的控制，反偏电压增大，其结电容值减小；反偏电压减小，其结电容值增大。在整个材料上，由偏置电压引起结构中二极管阻抗或容抗值改变，以致材料整体结构的电磁特性发生变化。

1.3.1.6　主要应用领域

随着人工电磁材料技术的迅猛发展及对电磁波的控制能力日益增强，其相关技术在电磁隐身、全息成像、无线通信等领域得到了广泛应用，如图 1.13 所示。利用超材料实现物体隐身是最早研究的热点。当探测波从外界进入超材料内部时，将绕过其所覆盖的物体继续沿入射方向传播，没有任何反射与损耗，从而实现了物体的完美隐身[48]。近年来，研究人员将人工电磁材料用于设计太赫兹频段、红外波段和光波段的全息成像器件，将不同极化或不同位置的全息图案写在同一块人工电磁材料上，以此获得两个或多个固定的全息图像[49]。利用超表面实现新型无线通信系统是另一个创新应用。离散的基带信号输入 FPGA，用来控制数字超表面的偏置电压，使得电压信号随时间变化。超表面将喇叭天线辐射的电磁波反射出去，使得辐射的电磁波加载基带信息，在接收端进行解调进而得到基带信息[50]。

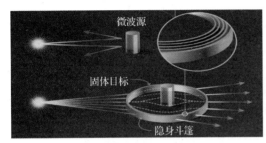
（a）电磁隐身

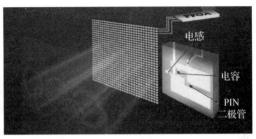
（b）全息成像

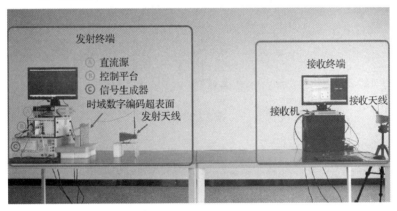
（c）无线通信

图 1.13 电磁调控材料主要应用

近年来，随着人工电磁材料的不断发展，其能够实现对于电磁波幅度、相位、方向、极化等电磁特征的灵活调控，改变目标的电磁特征。如果将其应用于 SAR 干扰领域，相当于以无源的方式实现了雷达目标特征的快速切换，破坏目标雷达成像特征，则有望解决目前困扰无源干扰的难题。接下来，本节将对人工电磁材料调控技术的研究现状进行综述，在此之后将进一步探讨人工电磁材料调控技术应用于无源干扰领域的现状。

1.3.2   电磁调控无源干扰技术的现状

目前，电磁调控材料在防护领域主要被用来实现雷达目标隐身。近年来，不断有研究者将电磁调控材料与干扰技术相结合，探索其用于无源干扰的可行性[51-52]。中国建筑材料科学研究总院贾菲总结吸波型材料在无源干扰的进展，并论述了实际作战使用时存在的局限性[53]。空军工程大学祝寄徐设计了基于吸波材料的二面角反射器、三面角反射器，分析了其对抗变频雷达的干扰效果[54]。中国电子科技集团张泽奎提出了利用超材料结构代替金属面的二面角和三面角设计方法，角反射器的 RCS 得到了一定的增强[55]。国防科技大学的张然将 Salibury 屏与二面角结合，设计了一种变极化新型二面角反射器[56]。同时，其提出了一种基于 PSS 的角度欺骗干扰方法和速度欺骗干扰方法，其方法性能灵活，并具备无源干扰的优点。国防科技大学的刘蕾研究了电控频率选择表面雷达特性方面的工作，为后续新型无源干扰材料的设计提供了思路[57]。印度工程科学技术研究所的 Ayan Chatterjee 提出了基于 FSS 的二面角天线结构，天线的辐射带宽、方向和增益等性能得到了提升[58]。西南交通大学雷雪设计了一种基于超表面的 RCS 增强的顿二面角结构，其在ϕ和θ两种极化方向下 RCS 分别增强 16.5dB 和 13.3dB[59]。

在合成孔径雷达干扰方面，国防科技大学徐乐涛于 2016 年展开 PSS 和 AFSS 在合成孔径雷达干扰的研究与分析[60]，其首先分析了雷达信号经 PSS 调制后的匹配滤波特性，以此为基础，提出了一种基于 PSS 的 SAR 微多普勒干扰方法，随后，他们研究了基于 PSS 的高分辨距离像欺骗干扰方法。在 AFSS 研究方面，徐乐涛提出了基于有源频率选择表面的欺骗干扰方法，采用无源间歇调制的方式实现多假目标欺骗干扰。国防科技大学宋鲲鹏研究了基于方向回溯阵列的 SAR 干扰技术，该结构能够实现雷达来波方向的信号回溯，具有宽角域干扰的特点[61]。西安电子科技大学许锦博士研究了十字形超材料对 ISAR 的干扰效果，其将超材料吸波频带与雷达信号工作频带对准，破坏雷达回波特性，经成像处理后在 ISAR 图像上形成多假目标的效果[62]。同时，许锦还探索了基于等离子体的雷达干扰的可能性，研究发现等离子体的谐振特性可有效破坏雷达回波，实现雷达图像的虚假峰效果。空军工程大学王锐嘉研究了 LFM 信号经等离子体调制后图像的散焦特性[63]。可以看出，目前实施无源干扰的隐身材料主要是利用材料对电磁波的调控特性，相当于以无源的方式实现了有源干扰的效果。图 1.14 总结了各类典型无源干扰技术的效果与优缺点。

现有研究表明，基于电磁调控材料所实现的无源干扰方法能够达到良好的防护效果，具有重要的研究价值与广阔的应用前景。由于此方向还处于起步阶段，在理论、特性、新型干扰方法等方面还有很多"奥秘"值得继续探索。

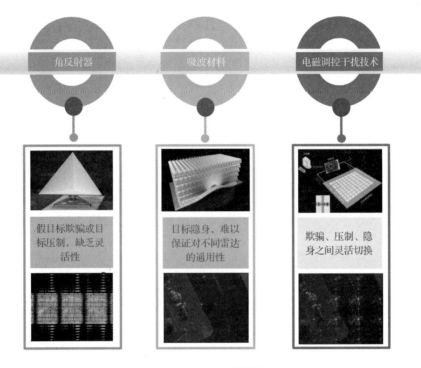

图 1.14　无源干扰技术

第2章　合成孔径雷达成像原理

2.1　概述

自雷达诞生以来，研究者们便期望在雷达显示器上看到目标的真实图像，而不仅仅是一个简单的脉冲或亮点。早期雷达主要采用实孔径成像，通过天线波束的方向性来分辨不同位置的目标。此时，方位分辨率与天线的孔径尺寸密切相关，若需要获得更高的方位分辨率，则必须增大天线孔径。然而，由于天线通常安装在机载或星载平台上，其尺寸受到严格的物理限制。

合成孔径雷达（SAR）成像技术于 20 世纪 50 年代兴起，标志着雷达技术发展的重要转折。自此，雷达不仅能将目标视为点目标，获取其位置和运动参数，还能够生成目标和场景的高分辨率图像。SAR 成像提供的精细目标图像可以清晰描述其几何特征，如尺寸、外形轮廓和姿态等，为目标特征提取、分类和识别提供了重要的先验信息。目前，机载和星载 SAR 技术得到了广泛应用，其分辨率已达亚米级，场景图像的质量可与同类用途的光学图像媲美。

SAR 在径向距离上的高分辨率依赖于宽带信号，数百兆赫兹的带宽可将距离分辨率缩小至亚米级；而方位分辨率则通过雷达平台的运动实现，等效地形成一个很长的虚拟线性阵列，并对各次回波进行合成阵列处理，这正是"合成孔径"名称的由来。通过小孔径天线的移动，模拟出一个大孔径天线，合成孔径长度可达数百米甚至更长，从而获得极高的方位分辨率。最后依靠高分辨成像算法将两种高分辨结合起来，获得目标的二维高分辨图像。

2.2　距离高分辨和一维距离像

当雷达采用宽带信号后，距离分辨率显著提升，距离分辨单元长度可缩小至亚米级别。这时从通常的目标（如飞机）接收到的回波不再是简单的"点"回波，而是沿目标距离向展开的一维距离像。目标在雷达电磁波照射下产生的后向散射电波被称为雷达回波。雷达回波的严格计算相当复杂，但当目标尺寸远大于雷达工作波长时，即雷达处于光学区内，目标可以通过散射点模型进行近似表示。对于金属目标，可以通过分布在目标表面的多个散射点来表示不同部位对电磁波的后向散射强度。

通常情况下，当视角变化在 $10°$ 左右时，散射点在目标上的位置和强度变化较小。在散射点模型的假设下，目标的回波可以视为多个散射点子回波的叠加。宽带雷达通常采用时宽较大的宽带信号（如线性调频信号），通过匹配滤波压缩成窄脉冲。此窄脉冲的宽度远小于目标的总长度，因此目标回波的分布可视为沿波束射线方向散射点回波的向量和。该回波的幅度分布被称为一维实距离像，简称一维距离像。

下面将用上述散射点模型对高分辨的一维距离像进行讨论：2.2.1 节讨论对一般大时宽的宽带信号进行匹配滤波；2.2.2 节讨论线性调频信号匹配滤波，以及便于工程应用的 dechirp 处理方法；2.2.3 节讨论散射点模型下的一维距离像的一些特性。

2.2.1　匹配滤波处理

根据散射点模型，设散射点为理想的几何点，若发射信号为 $p(t)\mathrm{e}^{\mathrm{j}2\pi f_0 t}$，则将接收到的回波做相干检波，对不同距离的多个散射点目标，基频回波可写成

$$s_{\mathrm{r}}(t) = \sum_i A_i p\left(t - \frac{2R_i}{c}\right)\mathrm{e}^{-\mathrm{j}\frac{4\pi f_0}{c}R_i} \tag{2.1}$$

式中，A_i 和 R_i 分别为第 i 个散射点回波的幅度和某时刻的距离；$p(\cdot)$ 为归一化的回波包络；f_0 为载波频率；c 为光速。

若以单频脉冲发射，则脉冲越窄，信号频带越宽。若发射很窄的脉冲，则要有很高的峰值功率，困难较大，通常都采用大时宽的宽带信号，接收后，通过处理得到窄脉冲。为此，将式（2.1）的基频回波转换到频域来讨论，有

$$S_{\mathrm{r}}(f) = \sum_i A_i P(f)\mathrm{e}^{-\mathrm{j}\frac{4\pi(f_0+f)}{c}R_i} \tag{2.2}$$

对理想的几何点目标希望重建冲激脉冲，如果复包络的基频频谱 $P(f)$ 对所有频率没有零分量，则冲激脉冲信号可通过逆滤波得到，即

$$F_{(\omega)}^{-1}\left[\frac{S_{\mathrm{r}}(f)}{P(f)}\right]=\sum_i A_i \mathrm{e}^{-\mathrm{j}\frac{4\pi f_0}{c}R_i}\delta\left(t-\frac{2R_i}{c}\right) \tag{2.3}$$

由于实际 $P(f)$ 虽然较宽，但总是带限信号，因此一种实用距离成像方法是通过匹配滤波，将各频率分量的相位校正成一致。匹配滤波后的输出为

$$\begin{aligned}
S_{\mathrm{rM}}(t) &= F_{(f)}^{-1}\left[S_{\mathrm{r}}(f)P^*(f)\right] \\
&= F_{(f)}^{-1}\left[\sum_i A_i P(f)P^*(f)\mathrm{e}^{-\mathrm{j}\frac{4\pi(f_0+f)}{c}R_i}\right] \\
&= \sum_i A_i \mathrm{e}^{-\mathrm{j}\frac{4\pi f_0}{c}R_i}\mathrm{psf}\left(t-\frac{2R_i}{c}\right)
\end{aligned} \tag{2.4}$$

式中，$P^*(f)$ 为 $P(f)$ 的复共轭，而

$$\mathrm{psf}(t)=F_{(f)}^{-1}\left[\left|P(f)^2\right|\right] \tag{2.5}$$

$\mathrm{psf}(\cdot)$ 称为点散布函数（Point Spread Function），可确定分辨率。从时域上来看，滤波相当于信号与滤波器冲激响应的卷积，对一已知波形的信号做匹配滤波，其冲激响应为该波形的共轭倒置。当波形的时间长度为 T_{p} 时，卷积输出信号的总长度为 $2T_{\mathrm{p}}$。实际上，匹配滤波可实现脉冲压缩，输出主瓣的宽度为 $1/\Delta f$（Δf 为信号的频带宽度，为降低副瓣而进行加权，主瓣要展宽一些），即距离分辨率为 $c/(2\Delta f)$，Δf 通常较大（$\Delta f \cdot T_{\mathrm{p}} \gg 1$），输出主瓣很窄，在时宽为 $2T_{\mathrm{p}}$ 的输出中，绝大部分区域为幅度很低的副瓣区。

当反射体是静止的离散点时，回波为一系列不同时延和复振幅的已知波形之和，当对这样的信号用发射波形进行匹配滤波时，因为滤波是线性过程，所以可视为在分别处理后进行叠加。如果目标长度相应的回波距离段为 Δr，相应的时间段为 ΔT，考虑到发射信号时宽为 T_{p}，则目标所对应的回波时间长度为 $\Delta T+T_{\mathrm{p}}$，匹配滤波后的输出信号长度为 $\Delta T+2T_{\mathrm{p}}$。

匹配滤波处理过程示意图如图 2.1 所示。

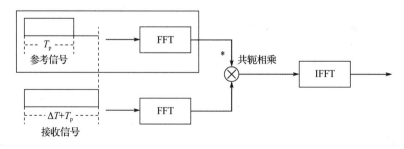

图 2.1　匹配滤波处理过程示意图

2.2.2　线性调频信号匹配滤波和 dechirp 处理

大时宽的宽带信号可以有许多形式，在 SAR 中用得最多的是线性调频（Linear Frequency Modulation，LFM）信号，该信号特点为频率随时间发生线性变化，也称为 chirp 信号。

线性调频信号的复数形式为

$$s(t) = \text{rect}\left(\frac{t}{T_\text{p}}\right)\exp\left(\text{j}\pi K_\text{r} t^2\right) \tag{2.6}$$

式中，t 是时间变量，单位为秒；T_p 是信号脉宽；K_r 是线性调频率，单位为 Hz/s。将相位对时间取微分后的瞬时频率为

$$f = \frac{1}{2\pi} \times \frac{\text{d}\left(\pi K_\text{r} t^2\right)}{\text{d}t} = K_\text{r} t \tag{2.7}$$

f 的单位为 Hz，说明频率是时间 t 的线性函数，斜率为 K_r（Hz/s）。为衡量线性调频信号，定义以下几种参数。

（1）带宽。

带宽是指主要 chirp 能量占据的频率范围，或者为信号的频率漂移，定义为 chirp 斜率及信号脉冲的乘积：

$$\text{BW} = |K_\text{r}| T_\text{p} \tag{2.8}$$

BW 的单位为 Hz，决定了能够达到的分辨率。

（2）时间带宽积。

时间带宽积被定义为带宽 $|K_\text{r}|T_\text{p}$ 和 chirp 信号脉冲 T_p 的乘积，该参数是无量纲的，即

$$\text{TBP} = |K_\text{r}| T_\text{p}^2 \tag{2.9}$$

总体来说，线性调频信号的相位是二次的，频率是时间的线性函数，频率斜率是线性调频率。

线性调频信号频谱的解析表达可以利用驻定相位原理得到，即信号相位 $\phi(t)$ 在 $\text{d}\phi(t)/\text{d}t = 0$ 时刻是"驻留的"，相位在该点的邻域附近是缓变的，在其他时间点上是捷变的，由此可得到线性调频信号的频谱为

$$G(f) = \text{rect}\left(\frac{f}{K_r T_p}\right) \exp\left(-j\pi \frac{f^2}{K_r}\right) \qquad (2.10)$$

基于 2.2.1 节介绍的匹配滤波原理，线性调频信号的脉冲压缩通过匹配滤波实现，匹配滤波可以在时域通过线性卷积运算实现，也可以利用 FFT 在频域实现。假设雷达发射信号为零中频 LFM 信号，接收回波延迟为 t_0，则时域波形为

$$s_r(t) = s(t - t_0) = \text{rect}\left(\frac{t - t_0}{T_p}\right) \exp\left[j\pi K_r(t - t_0)^2\right] \qquad (2.11)$$

频谱形式为

$$S_r(f) = \sqrt{\frac{1}{|K_r|}} \text{rect}\left(\frac{f}{|K_r|T_p}\right) \exp\left(-j\pi \frac{f^2}{K_r}\right) \exp(-j2\pi f t_0) \qquad (2.12)$$

匹配滤波器的时域、频域响应分别为

$$h(t) = s^*(-t) = \text{rect}\left(\frac{t}{T_p}\right) \exp\left(-j\pi K_r t^2\right) \qquad (2.13)$$

$$H(f) = S^*(f) = \sqrt{\frac{1}{|K_r|}} \text{rect}\left(\frac{f}{|K_r|T_p}\right) \exp\left(-j\pi \frac{f^2}{K_r}\right) \qquad (2.14)$$

频域匹配滤波结果为

$$s_{\text{out}}(t) = \text{IFT}\left[S_{\text{out}}(f)\right] = T_p \sin c\left[K_r T_p(t - t_0)\right] \exp\left\{-2\pi f_0 t_0\right\} \qquad (2.15)$$

时域匹配滤波结果为

$$s_{\text{out}}(t) = \text{IFT}\left[S_{\text{out}}(f)\right] = T_p \sin c\left[\pi K_r T_p(t - t_0)\right] \qquad (2.16)$$

在实际 SAR 处理中，匹配滤波通常在频域完成，匹配滤波器的频域响应可以通过以下方式获得。

① 信号时间轴反褶取共轭，经傅里叶变换得到频域匹配滤波器。

② 复制脉冲补零，经傅里叶变换后取共轭得到频域滤波器。

③ 直接在频域生成数字频域滤波器。

其中，匹配滤波后，方式①被压缩在脉冲 T_p 位置，方式②被压缩在脉冲 0 位置，方式③被压缩在脉冲 $T_p/2$ 位置。

设置信号脉宽为 10μs，带宽为 20MHz，仿真生成发射信号与回波信号的时域波形如图 2.2 所示，先将回波信号频谱取共轭作为系统函数，再与信号频谱相乘并取反变换，

可以得到最终时域脉冲压缩结果，如图 2.3 所示。

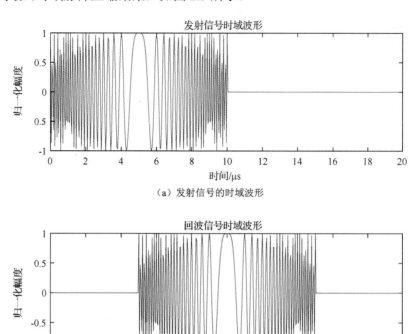

（a）发射信号的时域波形

（b）回波信号的时域波形

图 2.2 发射信号与回波信号的时域波形

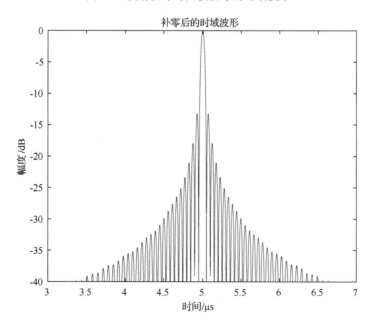

图 2.3 线性调频信号匹配滤波处理结果

由于线性调频信号的特殊性质，对它的处理不仅可用一般的匹配滤波方式，还可用特殊的解线性调频（dechirp）方式来处理。

解线性调频脉冲压缩方式是针对线性调频信号提出的，对不同延迟时间信号进行脉冲压缩，在一些特殊场合，不仅运算简单，而且可以简化设备，已广泛应用于 SAR 和 ISAR 中进行脉冲压缩，单个脉冲压缩后，通常还要对脉冲序列进行相干处理。下面讨论相干信号。

为了使信号具有好的相干性，发射信号的载频必须十分稳定。设载频信号为 $e^{j2\pi f_0 t}$，脉冲信号以重复周期 T 依次发射，即发射时刻 $t_m = mT$（$m = 0,1,2,\cdots$）被称为慢时间。以发射时刻为起点的时间用 $\hat{t}$ 表示，被称为快时间。快时间用来计量电波传播的时间，慢时间用来计量发射脉冲的时刻。这两个时间与全时间的关系为 $\hat{t} = t - mT$。因而发射的 LFM 信号可写成

$$s\left(\hat{t}, t_m\right) = \mathrm{rect}\left(\frac{\hat{t}}{T_p}\right)\exp\left[j2\pi\left(f_0\hat{t} + \frac{1}{2}K_r\hat{t}^2\right)\right] \tag{2.17}$$

式中，$\mathrm{rect}(u) = \begin{cases} 1, & |u| \leqslant \dfrac{1}{2} \\ 0, & |u| > \dfrac{1}{2} \end{cases}$；$f_0$ 为中心频率；T_p 为信号脉宽；K_r 为线性调频率。

解线性调频用一时间固定且频率、调频率相同的 LFM 信号作为参考信号，用解线性调频和回波进行差频处理。设参考距离为 R_{ref}，则参考信号为

$$s_{\mathrm{ref}}\left(\hat{t}, t_m\right) = \mathrm{rect}\left(\frac{\hat{t} - 2R_{\mathrm{ref}}/c}{T_{\mathrm{ref}}}\right)e^{j2\pi\left[f_0\left(\hat{t} - \frac{2R_{\mathrm{ref}}}{c}\right) + \frac{1}{2}K_r\left(\hat{t} - \frac{2R_{\mathrm{ref}}}{c}\right)^2\right]} \tag{2.18}$$

式中，T_{ref} 为参考信号的脉宽，参考信号中的载频信号 $e^{j2\pi f_0 t}$ 应与发射信号中的载频信号相同，以得到良好的相干性。

某点目标到雷达的距离为 R_i，雷达接收到该目标的信号为

$$s_r\left(\hat{t}, t_m\right) = A\,\mathrm{rect}\left(\frac{\hat{t} - 2R_i/c}{T_p}\right)e^{j2\pi\left[f_0\left(\hat{t} - \frac{2R_i}{c}\right) + \frac{1}{2}K_r\left(\hat{t} - \frac{2R_i}{c}\right)^2\right]} \tag{2.19}$$

解线性调频脉冲压缩示意图如图 2.4 所示，若 $R_\Delta = R_i - R_{\mathrm{ref}}$，则差频输出为

$$s_{\mathrm{if}}\left(\hat{t}, t_m\right) = s_r\left(\hat{t}, t_m\right) \cdot s_{\mathrm{ref}}^*\left(\hat{t}, t_m\right) \tag{2.20}$$

即

$$s_{\mathrm{if}}\left(\hat{t},t_{\mathrm{m}}\right) = A\mathrm{rect}\left(\frac{\hat{t}-2R_i/c}{T_{\mathrm{p}}}\right)\mathrm{e}^{-\mathrm{j}\frac{4\pi}{c}K_r\left(\hat{t}-\frac{2R_{\mathrm{ref}}}{c}\right)R_\Delta}\mathrm{e}^{-\mathrm{j}\frac{4\pi}{c}f_0R_\Delta}\mathrm{e}^{\mathrm{j}\frac{4\pi K_r}{c^2}R_\Delta^2} \tag{2.21}$$

式中，第三相位项是解线性调频方法所独有的，被称为剩余视频相位（RVP）。

用解线性调频得到图 2.4（b）所示的差频信号，其差频值可以表示目标相对于参考点的距离，只是相位项中的 RVP 项使多普勒值有些差别。由图 2.4（b）可知，不同距离的目标回波在时间上是错开的，被称为斜置。由于这种在时间上的错开并不带来新的信息，反而在后面的一些应用中带来不便，因此通常希望将不同距离目标的回波在距离上取齐，如图 2.4（c）所示，被称为"去斜"处理。去斜的结果——RVP 项也随之消失，具体步骤在此不做赘述。

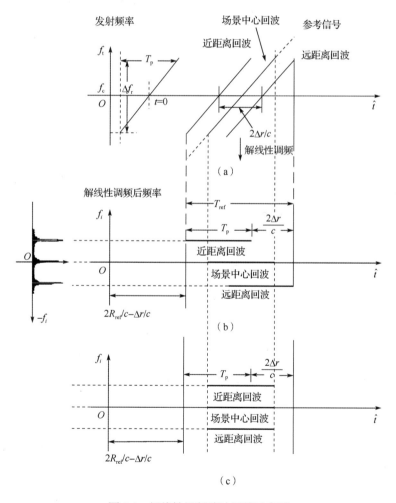

图 2.4　解线性调频脉冲压缩示意图

2.2.3 散射点模型与一维距离像

宽带信号的功能之一是为雷达目标识别提供了较好的基础。常规窄带雷达由于距离分辨率很低，一般目标呈现为"点"目标，其波形虽然也包含一定的目标信息，但十分粗糙。频宽为一百多兆赫兹到几百兆赫兹的雷达，目标回波为高距离分辨率（HRR）信号，分辨率可达亚米级，一般目标的 HRR 回波信号呈现为一维距离像，雷达成像通常将目标以散射点模型表示。

目标运动可分解为平动和转动两部分。平动时，目标相对雷达射线的姿态固定不变，一维距离像形状不会变化，只是包络有平移。为了研究距离像的方向特性，可暂不考虑平动。

在目标转动过程中，雷达不断发射和接收回波，将各次距离像回波沿纵向按距离分辨单元离散采样，并依次横向排列，横向（方位向）和纵向（距离向）的顺序分别以 m、n 表示。根据目标的散射点模型，在不发生越距离单元徙动的情况下，在任一个距离单元里驻留的散射点都不会改变。设在第 n 个距离单元里有 L_n 个散射点，由于转动，因此各散射点会发生径向移动。设第 i 个散射点在第 m 次回波时的径向位移（与第 0 次回波时比较）为 $\Delta r_i(m)$，则第 n 个距离单元的第 m 次回波为

$$x_n(m) = \sum_{i=1}^{L_n} \sigma_i \mathrm{e}^{-\mathrm{j}\left[\frac{4\pi}{\lambda}\Delta r_i(m) - \psi_{i0}\right]} = \sum_{i=1}^{L_n} \sigma_i \mathrm{e}^{\mathrm{j}\phi_{ni}(m)} \tag{2.22}$$

而

$$\phi_{ni}(m) = -\frac{4\pi}{\lambda}\Delta r_i(m) + \psi_{i0} \tag{2.23}$$

式中，λ 为波长；σ_i 和 ψ_{i0} 分别为第 i 个子回波的振幅和起始相位。

$x_n(m)$ 可以表示第 m 次回波沿距离分布的复振幅像，功率像为

$$\left|x_n(m)\right|^2 = x_n(m)x_n^*(m) = \sum_{i=1}^{L_n}\sigma_i^2 + 2\sum_{i=2}^{L_n}\sum_{k=1}^{i}\sigma_i\sigma_k\xi_{nik}(m) \tag{2.24}$$

式中，

$$\xi_{nik}(m) = \cos\left[\theta_{nik}(m)\right] \tag{2.25}$$

$$\theta_{nik}(m) = \phi_{ni}(m) - \phi_{nk}(m) = -\frac{4\pi}{\lambda}\left[\Delta r_i(m) - \Delta r_k(m)\right] + \left(\psi_{i0} - \psi_{k0}\right) \tag{2.26}$$

式中，$\theta_{nik}(m)$ 表示在 m 时刻第 n 个距离单元里 i 和 k 两个散射点回波的相位差。

如上所述，一维距离像与散射点模型有很密切的联系，最基础的雷达成像形式是依赖高距离分辨的一维距离像。当距离分辨率达到米级甚至亚米级时，对于飞机、车辆等目标，单次回波已能够生成一维距离像，这相当于目标的三维结构在雷达波束方向上的投影，并反映了目标的径向几何特征。同时，高距离分辨率有助于区分相邻的多个目标，尤其是区分直达波与多径回波的信号。

2.3　方位高分辨和合成阵列

要获得场景的二维平面图像，需要同时具备距离和方位上的高分辨率。雷达作为一种基于距离测量的探测设备，通常能够较容易地实现高的距离分辨率，而方位分辨率相对较差。方位分辨率取决于雷达天线的波束宽度，通常地基雷达的波束宽度在零点几度到几度之间。以较窄的波束为例，若天线波束宽度为 0.01 弧度（约 0.57°），在距离 50km 的方位分辨率约为 500m，这显然无法满足场景高分辨成像的需求，必须显著提升方位分辨率，即需要大幅度压缩波束宽度。

根据天线原理，波束宽度与天线孔径成反比。假设要将上述场景的方位分辨率从 500m 提升到 5m，则天线的孔径长度需增加 100 倍，即达到数百米的规模。然而，长度如此巨大的天线安装在运动载体（如飞机）上显然不现实。为了解决这一问题，对于固定场景，可以通过合成孔径技术实现等效的长孔径天线，从而获得所需的高方位分辨率。这种技术通过移动平台（如飞机或卫星）的运动，达到大天线阵列的效果，使得高精度的场景成像成为可能。

2.3.1　合成阵列的特点

现代雷达常采用阵列天线，将一系列阵元按一定的构型排列成阵列。合成阵列的概念是从实际阵列引申过来的。下面以线性阵列为例介绍实际阵列。

如图 2.5 所示，设有 N 个阵元排成均匀线性阵列，阵元间隔为 d。若远处有一辐射源从斜视角 θ 的方向以单频平面波照射阵列，则在同一时刻记录下阵列上各阵元接收到的信号，写成向量形式为

$$\boldsymbol{s}_{\mathrm{r}}(t) = \left[1, \mathrm{e}^{\mathrm{j}\frac{2\pi}{\lambda}d\sin\theta}, \cdots, \mathrm{e}^{\mathrm{j}\frac{2\pi}{\lambda}(N-1)d\sin\theta} \right]^{\mathrm{T}} \mathrm{e}^{\mathrm{j}2\pi f_0 t} \tag{2.27}$$

式中，以阵列最左边的阵元作为基准，其他阵元与之相比的波程差为 $\dfrac{(i-1)d}{\lambda}\sin\theta$

（$i = 2, 3, \cdots, N$），因而有相应的相位滞后；上标 T 表示转置。

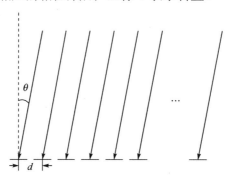

图 2.5　线性阵列

如果要得到该阵列天线法向方向图，则可将各阵元的信号直接相加，即将式（2.27）的信号包络向量与单位向量进行归一化点积，有

$$
\begin{aligned}
G(\theta) &= \frac{1}{N}\left| \left(\boldsymbol{s}_r(t) \cdot \boldsymbol{1} \right) \right| \\
&= \frac{1}{N}\left[1 + \mathrm{e}^{\mathrm{j}\frac{2\pi}{\lambda}d\sin\theta} + \cdots + \mathrm{e}^{\mathrm{j}\frac{2\pi}{\lambda}(N-1)d\sin\theta} \right] \\
&= \frac{\sin\left(\dfrac{\pi N d}{\lambda}\sin\theta \right)}{N\sin\left(\dfrac{\pi d}{\lambda}\sin\theta \right)}
\end{aligned}
\tag{2.28}
$$

当天线（长度为 L）以平面波均匀照射时，其方向图 $\mathrm{sinc}\left(\dfrac{L}{\lambda}\theta\right) = \sin\left(\dfrac{\pi L}{\lambda}\theta\right)\Big/\left(\dfrac{\pi L}{\lambda}\theta\right)$，在实际应用中，斜视角 θ 较小，$\sin\theta \approx \theta$，$\sin\dfrac{\pi d}{\lambda}\theta \approx \dfrac{\pi d}{\lambda}\theta$，式（2.28）也可近似写成 $\mathrm{sinc}\left(\dfrac{L}{\lambda}\theta\right)$。

从式（2.28）的方向图可求得 3dB 波束宽度为

$$\theta_{\mathrm{BW}} = K\frac{\lambda}{L} \tag{2.29}$$

式中，$L = Nd$ 为阵列孔径；K 为比例系数，式（2.28）是将各阵元信号等值相加，即沿阵列均匀加权，$K = 0.88$。实际阵列为降低波束副瓣电平，沿阵列进行锥削加权，即对两侧阵元的信号进行相加时，离中心越远，所加的权值越小，使 θ_{BW} 有所展宽。在工程中，近似取 $K=1$。

有时还要用到波束第一对零点之间的波束宽度 θ_{nn}，近似值为

$$\theta_{nn} = 2\theta_{BW} = \frac{2\lambda}{L} \tag{2.30}$$

在上面的讨论中没有考虑阵元的方向图，实际阵元通常是有方向图的，若阵元孔径长度为 D，则阵元波束宽度 θ_{BW1} 为

$$\theta_{BW1} = \frac{\lambda}{D} \tag{2.31}$$

阵列方向图应为式（2.28）的方向图与阵元方向图的乘积。不过，当阵元数目很多时，式（2.28）方向图的主波束要比阵元方向图主波束窄很多。当研究阵列主波束时，阵元方向图的影响可以不考虑。

2.3.2　合成阵列的工作方式

合成阵列技术使用单一的阵元，通过在不同位置上依次测量和记录信号，再经过后续的信号处理合成形成所需的波束。这一过程中，合成阵列要求目标必须保持固定。以图 2.5 为例，合成阵列的实现方式是通过一个阵元在各个位置进行发射和接收信号，此处所指的"阵元"在实际应用中就是一个天线孔径较小的相干雷达。在实际阵列中，通常通过同时使用多个阵元在一次"快拍"内获取信号，并将各阵元的信号进行合成处理，这些信号必须在同一时间内获取，从而准确反映各阵元之间因波程差异产生的相位关系。然而，在合成阵列中，这种同时录取信号的方式无法实现，因为信号获取是依次进行的，而不是瞬时完成的。

尽管如此，合成阵列通过平台的运动补偿突破了这一限制，使得可以通过空间不同位置上的回波信号叠加来保持所需的相位一致性，从而模拟出与大型实际天线阵列相同的效果。这种技术满足了实际阵列系统中空间和时间同步获取信号的要求，能够在目标固定的情况下，通过单阵元合成实现高分辨率成像。

合成阵列对所用阵元采取自发自收的方式，设在第 1 个位置处发射一单频连续波信号 $e^{j\left(2\pi f_0 \frac{1}{2} + \varphi_1\right)}$（初相 φ_1 为任意值，发射振幅在这里不重要，略去），设距离阵元 1 在 R_{i1}

处有一点目标 σ_i 可得点目标回波 $\sigma_i \mathrm{e}^{\mathrm{j}\left[2\pi f_0\left(t-\frac{2R_{i1}}{c}\right)+\varphi_i\right]}$，其中 c 为光速。通过相干检波，即乘以基准信号 $\mathrm{e}^{-\mathrm{j}\left(2\pi f_0\frac{1}{2}+\varphi_i\right)}$，可得到基频回波信号 $\sigma_i \mathrm{e}^{-\mathrm{j}4\pi f_0\frac{R_{i1}}{c}}$。可以看出，所得基频回波为与时间和初相 φ_i 无关而相位与距离 R_{i1} 成正比的常数。将阵元移到 2、3、…、N 等位置，发射信号频率完全相同，初相可以不同，这时点目标 σ_i 的基频回波在形式上与在 1 位置时相同，只是将 R_{i1} 改写成 R_{i2}、R_{i3}、…、R_{iN}。可见，这样做时各阵元处通过自发自收接收到的基频回波信号的相位完全可以反映目标到各阵元位置的波程关系，前提是发射载频必须十分稳定，而初相 φ_i 是不重要的，可以为任意值。

上面说的是合成阵列在原理上与实际阵列的相同点，两者也有不同点，以图 2.5 为例来分析合成阵列的方向图，仍假设在斜视角 θ 方向的遥远处有一点目标，电波波前近似为平面波，即各阵元位置点指向目标的射线为一组平行线。由于合成孔径在各阵元位置以自发自收方式工作，相邻两个阵元的双程波程差为 $\frac{2d}{\lambda}\sin\theta$，即比实际阵列作单独接收时大一倍，阵元间隔长度对相位差的影响加倍，相当于使等效阵列长度大了一倍（$2L$），收发双程的波束宽度 θ_{BWS} 为

$$\theta_{\mathrm{BWS}} = \frac{\lambda}{2L} \tag{2.32}$$

上面介绍了合成阵列的基本情况，只要目标固定不动，发射载频十分稳定，用单个阵元在各个阵元位置分别测量和录取，通过合成处理，可以获得长阵列的结果。合成阵列的目的是获得高的方位分辨率，合成阵列孔径必须很长，同时要结合具有距离高分辨率的宽频带信号对观测场景成像。有关合成阵列长度限制的问题还需要进行一些说明，实际阵列由于受载体、工艺等条件的限制，做得很大是有困难的，合成阵列是通过移动阵元（实际上是一个小天线的雷达）形成的，不受时间限制，容易得到长的合成阵列。

实际上，合成阵列的长度主要受限于阵元的波束宽度，如图 2.6 所示。阵元由左向右移动对点目标 P 进行观测，只有阵元波束照射到 P 时才起作用，即阵元右移到达 A 点时阵元波束的右端开始接触到点目标 P，移到 B 点时阵元波束离开点目标 P，有效阵列长度，即 A、B 两点之间的距离 L，L 即阵元波束在距离 R 处所覆盖的横向长度 $L = \theta_{\mathrm{BW}}R$。其中 θ_{BW} 为阵元波束宽度。考虑到 $\theta_{\mathrm{BW}} = \lambda / D$（$D$ 为阵元孔径），有效阵列孔径长度为

$$L = \theta_{\mathrm{BW}} R = \frac{\lambda}{D} R \tag{2.33}$$

由式（2.33）可以看出，有效阵列孔径长度与观测距离成正比。距离越远，有效阵列孔径长度越长。正是由于这一原因，合成孔径雷达的方位分辨率与目标距离无关，这对雷达成像是十分重要的。

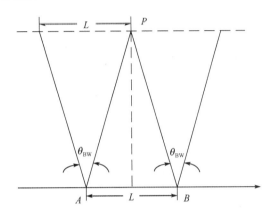

图 2.6　阵元波束宽度对实际合成阵列孔径长度的限制

2.3.3　方位高分辨原理

实际合成孔径雷达通常安装在运动载体（如飞机）上，载体平台平稳地以速度 v 直线飞行，由于雷达以一定的重复周期发射脉冲，因此在空间飞行过程中形成了间隔为 $d(d = VT_{\mathrm{r}})$ 的均匀直线阵列，雷达依次接收到的序列数据即相应顺序阵元的信号，可用二维时间信号——快时间信号和慢时间信号分别表示雷达接收到的回波信号和雷达天线（合成阵列阵元）相位中心所处的位置。本节采用时域信号分析、处理的概念和方法来讨论合成孔径技术。为简单起见，暂假设载机以理想的匀速直线飞行，且不考虑载机高度，即在场景平面形成的阵列为均匀线性阵列。

严格地说，2.3.2 节逐次移位所形成的合成阵列与载机运动形成的阵列还是有区别的：前者为"一步一停"工作；后者为连续工作，即在发射脉冲到接收回波期间，阵元是不断运动的。不过这一影响是很小的，快时间对应于电磁波速度（光速），慢时间对应于载机速度，两者相差很远，在以快时间计的时间里载机移动距离很小，由此引起的合成阵列上相位分布的变化可以忽略。为此，仍可采用"一步一停"工作方式，用快、慢时间分析。前面曾提到，用长的合成阵列只能提高方位分辨率，实际的合成孔径雷达为同时获得高的距离分辨率，总是采用宽频带信号，通常为线性调频（LFM）

脉冲。前面指出，在宽频带工作条件下，线性阵列上的包络延迟必须考虑，使分析复杂化。这里主要讨论合成阵列的方位分辨率，为简化分析，仍假设发射信号为单频连续波。

如图 2.7 所示，设载机在 X-Y 平面内沿 X 轴飞行（暂不考虑载机高度，在二维平面里讨论飞行平台的合成阵列），目标为沿与 X 轴平行且垂直距离为 R_s 的直线上分布的一系列点目标 $\sigma_1,\cdots,\sigma_N$，X 轴方向的坐标为 $X_1,\cdots,X_N$。之所以采用这一简单目标模型，是由于单频连续波信号不能提供纵向距离信息，没有距离分辨率，并且合成阵列在进行聚焦处理时必须知道目标到阵列的垂直距离。

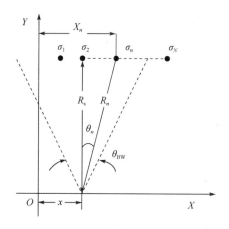

图 2.7　运动平台合成孔径雷达的目标模型

若雷达载机在飞行过程中一直发射单频连续波信号，则点目标回波也是连续波，只是相位会因距离随慢时间变化受到调制。实际雷达总是周期地发射脉冲信号，其回波可视为对上述连续回波以周期 T_r 采样。由于单频连续波没有距离分辨率，因此，回波的相位调制在快时间域的变化可忽略（因为在一个周期长的快时间区间里，目标到雷达的距离变化可忽略）。上面还提到连续飞行与"一步一停"工作方式基本等效，所以慢时间采样可取 $t_m = mT_r$（m 为整数）。

如图 2.7 所示，由于载机雷达的波束有一定宽度（设为 θ_{BW}），在点目标连线上覆盖的长度 $L = R\theta_{BW}$。在载机飞行过程中，波束依次扫过各个点目标，得到慢时间宽度各为 L/v 的一系列回波。其中，v 为载机速度。

在图 2.7 中画出了 t_m 时刻从雷达天线相位中心（$x = vt_m$）到第 n 个点目标的斜距：

$$R_n\left(t_m\right) = \sqrt{R_s^2 + \left(X_n - vt_m\right)^2} \tag{2.34}$$

若发射的单频连续波为 $e^{j2\pi f_0}$，则在 t_m 时刻该点目标回波为 $e^{j2\pi f_0\left(t-\frac{2R_n(t_m)}{c}\right)}$，通过相干检波，基频回波为

$$S_n\left(t_m\right)=\sigma_n e^{-j\frac{4\pi f_0}{c}R_n\left(t_m\right)} \tag{2.35}$$

实际上，回波的振幅还会受到天线波束方向图的调制，由于对分析不重要，故这里略去，而回波相位的变化是重要的，若以雷达最接近点目标时为基准，则相位历程为

$$\varphi_n\left(t_m\right)=\frac{-4\pi f_0}{c}\left[R_n\left(t_m\right)-R_s\right] \tag{2.36}$$

将式（2.36）对慢时间取导数，回波的多普勒为

$$\begin{aligned}
f_d &= \frac{1}{2\pi}\times\frac{d}{dt_m}\varphi_n\left(t_m\right)\\
&= -\frac{2f_0}{c}\times\frac{d}{dt_m}R_n\left(t_m\right)\\
&= \frac{2f_0 v}{c}\times\frac{X_n-vt_m}{\sqrt{R_s^2+\left(X_n-vt_m\right)^2}}
\end{aligned} \tag{2.37}$$

考虑到 $R_s\gg\left(X_n-vt_m\right)$，式（2.37）又可近似写成

$$f_d=\frac{2f_0 v}{cR_s}\left(X_n-vt_m\right) \tag{2.38}$$

式中，f_d 与 t_m 呈线性关系，即在慢时间域里，回波是线性调频的，且在 $t_m=X_n/v$ 时（雷达最接近点目标时），$f_d=0$。

由图 2.7 可知，当雷达对点目标 σ_n 的斜视角为 θ_n 时，f_d 与 t_m 呈非线性关系，即在慢时间域里，回波是非线性调频的，其多普勒为

$$\begin{aligned}
f_d &= \frac{2f_0 v}{c}\sin\theta_n\\
&= \frac{2f_0 v}{c}\times\frac{X_n-vt_m}{\sqrt{R_s^2+\left(X_n-vt_m\right)^2}}
\end{aligned} \tag{2.39}$$

若 θ_n 较小，采用 $\sin\theta_n\approx\tan\theta_n$ 的近似，则可写成

$$f_d\approx\frac{2f_0 v}{cR_s}\left(X_n-vt_m\right) \tag{2.40}$$

式（2.39）、式（2.40）的结果与式（2.37）、式（2.38）的结果相同。

式（2.40）表明，当雷达的横向位置 $x(=vt_m)$ 小于点目标的 X_n 时，θ_n 为正，多普勒

也为正；当 $x(=vt_\mathrm{m})$ 大于 X_n 时，θ_n 为负，多普勒也为负，即面向目标飞行，多普勒为正；背向目标飞行，多普勒为负。只有当 $x=X_n$ 时，点目标 σ_n 相对于雷达的径向速度为 0，这时的多普勒也为 0。

由式（2.40）还可以得到回波的多普勒调频率为

$$\gamma_\mathrm{m} = -\frac{2f_0v^2}{cR_\mathrm{s}} = -\frac{2v^2}{\lambda R_\mathrm{s}} \tag{2.41}$$

由式（2.41）可得回波的多普勒带宽 Δf_d 为

$$\Delta f_\mathrm{d} = \left| \gamma_\mathrm{m}\frac{L}{v} \right| = \frac{2vL}{\lambda R_\mathrm{s}} \tag{2.42}$$

式中，$L/R_\mathrm{s} \approx \theta_\mathrm{BW1} = \lambda/D$；$\theta_\mathrm{BW1}$ 和 D 分别为阵元的波束宽度和横向孔径长度，式（2.42）又可写成

$$\Delta f_\mathrm{d} = \frac{2v}{D} \tag{2.43}$$

根据回波调频多普勒的谱宽，可以计算得到脉冲压缩（匹配滤波）后的时宽为

$$\Delta T_\mathrm{dm} = \frac{1}{\Delta f_\mathrm{d}} = \frac{D}{2v} \tag{2.44}$$

将该时宽乘以载机速度 v，即点目标的横向分辨长度为

$$\rho_\mathrm{a} = v\Delta T_\mathrm{dm} = \frac{D}{2} \tag{2.45}$$

式（2.45）表明，若合成阵列充分利用其阵列长度（取决于阵元波束宽度），则所能得到的横向分辨长度为 $D/2$，与目标距离无关。

还可以从另一个角度表示合成阵列的横向分辨长度，根据 $L/R_\mathrm{s} \approx \theta_\mathrm{BW1}$，可将 ρ_a 写成

$$\rho_\mathrm{a} = \frac{v}{\Delta f_\mathrm{d}} = \frac{\lambda}{2\theta_\mathrm{BW1}} = \frac{D}{2} \tag{2.46}$$

式（2.46）表明，目标的横向分辨长度决定于合成阵列对它的观测视角变化范围，在波长一定的条件下，必须有足够大的视角变化范围，才能得到所需的横向分辨长度。条带式合成孔径雷达是依靠减小实际雷达（阵元）的天线横向孔径，加大波束宽度来增加视角变化范围的。当然可用其他方法来增加视角变化范围，如聚束式合成孔径雷达就是调控波束指向，使波束较长地覆盖目标，靠载机运动，以增加视角变化范围来增加横向分辨长度的。

2.4　距离-多普勒成像算法

合成孔径雷达是在距离维和方位维进行高分辨成像，2.2 节和 2.3 节已分别讨论了距离和方位的高分辨算法，下面的问题是如何把两者结合起来，这依赖于高分辨的成像算法，本节以经典的距离-多普勒成像算法为例进行分析。

这里选择正侧视距离多普勒成像场景，如图 2.8 所示，用于描述 SAR 几何关系的术语定义如下。

① 目标：被 SAR 照射的地球表面上的一个假想点，实际上，雷达系统是对地球表面上的一个区域成像，为了建立 SAR 等式，一般考虑用地面上的单个点来替代，这样的点称为点目标或点散射体，简称目标或散射体。

② 波束覆盖区域：随着平台的前移，具有电磁能量的脉冲以一定的间隔向地面发射。在某个脉冲的发射过程中，雷达天线的波束投影到地面的某个区域，被称为波束覆盖区域。

③ 方位向：在 SAR 处理过程中，该方向与平台相对速度矢量一致。

④ 零多普勒面：一个垂直于平台速度矢量的包含传感器的平面，近似垂直于方位坐标轴，与地面的交线称为零多普勒线。当此线经过目标时，传感器相对于目标的径向速度为零。

⑤ 最短距离：随着平台移动，雷达到目标的距离是随时间变化的，当距离达到最小值时（零多普勒线经过目标时），称为最短距离，用 R_B 表示。

⑥ 距离：一般指斜距或地距，斜距沿雷达视线方向测量，地距沿地面测量，地距为斜距在地面上的投影。真实距离差 R_g 与回波差 R 的关系为

$$R_\mathrm{g} \cos\theta = R \tag{2.47}$$

地距分辨率通常比斜距分辨率差。斜距分辨率对应回波的距离分辨率。

⑦ 斜视角：斜距矢量与零多普勒面之间的夹角，是描述波束指向的一个重要参数。

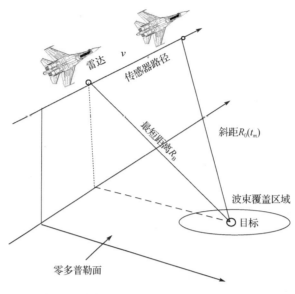

图 2.8　SAR 几何关系图

　　假设 SAR 飞行速度为 v，电磁波传播方向的斜视角为零，目标与 SAR 航线上的最短距离为 R_B，并以此交点的慢时间 t_m 为初始时刻，斜距为 $R_0(t_m)$。假设将线性调频信号作为雷达发射信号，根据 2.2 节和 2.3 节介绍，其可以表示为

$$s(\hat{t}, t_m) = \text{rect}\left(\frac{\hat{t}}{T_P}\right) \exp\left[\text{j}2\pi\left(f_0 t + \frac{1}{2} K_r \hat{t}^2\right)\right] \tag{2.48}$$

式中，快时间变量 $\hat{t}$ 代表接收信号的时延，对应 SAR 图像的距离向；慢时间变量 t_m 代表脉冲发射时刻，对应 SAR 图像的方位向；$t = \hat{t} + kT$ 代表全时间，T 代表脉冲重复周期；k 为正整数；T_p 代表信号脉宽；f_0 代表信号载频；K_r 代表 LFM 信号调频率。

　　经点目标散射的回波信号到达雷达接收机，回波信号与射频信号先进行混频处理得到中频信号，得到的中频信号再经基带滤波，形成基带信号，整个成像处理过程一般在基带上进行，此时成像处理输入端信号可以表示为

$$r(\hat{t}, t_m) = A_\sigma \cdot \text{rect}\left(\frac{\hat{t}}{T_P}\right) \text{rect}\left(\frac{t_m}{T_L}\right) \exp\left[\frac{-4\pi\text{j}R_0(t_m)}{\lambda}\right]$$
$$\exp\left[-\text{j}\pi K_r\left(t - \frac{2R_0(t_m)}{c}\right)\right] \tag{2.49}$$

式中，A_σ 为点散射强度；T_L 为合成孔径时间；c 为电磁波在空间的传播速度；λ 为信号波长；第一个 $\exp(\cdot)$ 函数表示方位向慢时间项，为方位向脉冲压缩的基础；第二个 $\exp(\cdot)$ 函数表示距离向快时间项，为距离向脉冲压缩的基础。

距离-多普勒算法（Range-Doppler Algorithm，RDA）的核心思想是解二维耦合：首先是距离向统一的匹配滤波处理，使所有散射点有相同的距离谱；然后是距离徙动校正（RCMC），使所有散射点有相同的距离徙动曲线；最后是方位向统一的匹配滤波处理，使所有散射点有相同的方位谱。将雷达原始数据作为输入，RDA 处理流程图如图 2.9 所示。

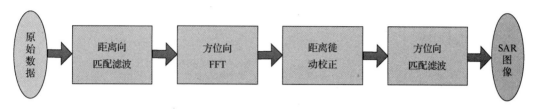

图 2.9 RDA 处理流程图

经接收机处理的基带信号首先经成像系统在距离向进行匹配滤波处理，匹配函数表示为

$$s_r(\hat{t}) = s_t^*(-\hat{t}) = \text{rect}\left(\frac{\hat{t}}{T_p}\right)\exp\left(-j\pi K_r \hat{t}^2\right) \tag{2.50}$$

实际处理一般在频域进行，匹配滤波输出为

$$\begin{aligned}
I_r(\hat{t}, t_m) &= \text{IFFT}\left\{\text{FFT}\left[s(\hat{t}, t_m)\right] \cdot \text{FFT}\left[s_r(t)\right]\right\} \\
&= A_\sigma \cdot \text{sinc}\left[K_r T_P\left(\hat{t} - \frac{2R_0(t_m)}{c}\right)\right] \cdot \text{rect}\left(\frac{t_m}{T_L}\right)\exp\left(-j\frac{4\pi}{\lambda}R_0(t_m)\right)
\end{aligned} \tag{2.51}$$

距离向脉冲压缩后，下面对方位向进行处理。与距离向脉冲压缩一样，方位向脉冲压缩也需要在频域完成。为了在方位向脉冲压缩时利用 FFT，需要通过距离徙动校正使同一个目标的回波信号校正至同一个距离波门内。此时，斜距为

$$R_0(t_m) \approx R_B + \frac{(vt_m)^2}{2R_B} \tag{2.52}$$

式中，v 为 SAR 飞行速度，方位向匹配滤波函数为

$$s_a(t_m) = \text{rect}\left(\frac{t_m}{T_L}\right)\exp\left(-j\pi K_a R_B t_m^2\right) \tag{2.53}$$

式中，方位向多普勒调频率 $K_a = -2v^2/\lambda R_B$，λ 为信号波长，点目标 SAR 图像输出为

$$I_r\left(\hat{t}, t_m\right) = \mathrm{IFFT}\left\{\mathrm{FFT}\left[I_r\left(\hat{t}, t_m\right)\right] \cdot \mathrm{FFT}\left[s_a(t)\right]\right\}$$

$$= A_\sigma G \cdot \mathrm{sinc}\left[K_r T_\mathrm{P}\left(\hat{t} - \frac{2R_\mathrm{B}}{c}\right)\right] \cdot \sin c\left(K_a T_\mathrm{L} t_m\right) \qquad (2.54)$$

式中，G 为二维匹配滤波增益。由于复杂目标可近似为目标上多个散射点之和，因此目标的二维图像为

$$I_r\left(\hat{t}, t_m\right) = \sum_{i=1}^{N} A_{\sigma i} G \cdot \mathrm{sinc}\left[K_r T_\mathrm{P}\left(\hat{t} - \frac{2R_{\mathrm{B}i}}{c}\right)\right] \cdot \sin c\left(K_a T_\mathrm{L} t_m\right) \qquad (2.55)$$

第3章 合成孔径雷达电磁调控无源干扰原理

3.1 概述

目标高分辨图像可用于描绘包括尺寸、外形轮廓、姿态在内的精细几何结构特征，是进行目标特征提取、分类及识别的重要先验信息之一。以合成孔径雷达为代表的高分辨雷达可以通过发射大时宽带宽积信号与采用合成孔径技术获得目标高分辨图像，在军事侦察、情报搜集、态势感知、遥感测绘等军用和民用场景中发挥了重要作用。

从目标防护角度而言，核心任务是破坏雷达的成像能力，对雷达获取的目标图像进行特征控制，主要采取图像压制手段使雷达难以获取目标真实的图像特征，或者采取欺骗手段进行迷惑，使雷达难以辨别真实目标图像。相对于有源干扰技术，无源干扰虽然具备响应时间快、不易暴露、使用方便、低成本等特点，但难以实现时变的灵活调控。

21世纪以来，人工电磁材料因具备传统材料所不具备的物理性质及带来新的物理现象，成为材料学和电磁学等领域的研究热点。电磁调控技术作为人工电磁材料里面最活跃的课题，引来科学工作者持续的研发和跟踪，相关技术在无线通信、雷达成像、目标防护等广大领域具有重要的应用价值。

本章将材料电磁特征调制与自卫干扰技术结合，通过时间调制反射器实现对反射电磁波的幅度、相位、方向等特性的灵活调控，改变所保护目标的雷达特征。区别于有源干扰系统，该方法不主动向外界辐射电磁能量，是利用目标散射特征变化实现对保护目标的调控功能，使成像侦察系统"看不到，即使看到也不像"。这种电磁"变色龙"响应时间快、隐蔽性好、与自然环境融合，具备独特的军事应用价值。

3.2 概念内涵

这里先解释关于无源的定义。这里的有源、无源是从对抗角度而言的，以是否主动辐射电磁波作为衡量，并不是指电路的有源和无源[3-4]。传统的角反射器、箔条等强反射装置通过电磁散射进行干扰，能够在真实目标场景下实时响应成像系统，具有使用方便、不易暴露等优势。因装置固化，故传统无源装置难以实现雷达图像的灵活调制。

如图 3.1 所示，区别于传统角反射器无源干扰技术，本书采用的时间调制反射器（Time-Modulated Reflector，TMR）由电磁调控材料及与之匹配的控制系统组成。电磁调控材料利用偏置电路的开关实现对电磁波的调控。这种切换通过一种时间函数执行，其散射特性表现为时间的函数，从电路的角度来看，包含有源控制系统，本质是一种无源干扰装置，通过电控的方式，获得反射回波的幅度、相位、时频特性等性质的灵活调控，实现对所保护目标雷达特征的改变，起到"变色龙"的效果，迷惑了成像侦察雷达系统。这种电磁"变色龙"响应时间快、隐蔽性好、与自然环境融合，具备独特的军事应用价值。

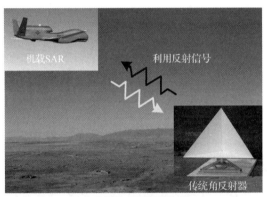

（a）传统角反射器无源干扰

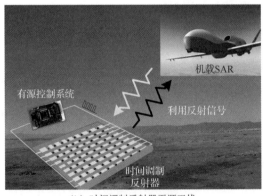

（b）时间调制反射器无源干扰

图 3.1　雷达无源干扰技术

3.3　基于时间调制反射器的 SAR 无源干扰原理

本节提出了基于 TMR 合成孔径雷达无源干扰的概念，其核心思想是利用 TMR 改变雷达回波信号，已调信号经雷达成像处理产生失配效应，图像上的雷达目标特征发生相应变化，从而实现目标防护的目的。

基于 TMR 合成孔径雷达无源干扰框架如图 3.2 所示。首先将 TMR 置于被保护目标表面或关键位置，并利用控制系统施加时间编码调制信号 $m(t)$，实现反射器散射特性的控制。从信号层面来看，当电磁波照射到 TMR 时，反射回波的频谱将产生变化。当合成孔径雷达收到已调信号后，无法获取调制信号，对其仍采取常规的成像方法，从而在雷达图像上呈现特征欺骗、特征压制、特征消隐等效果。

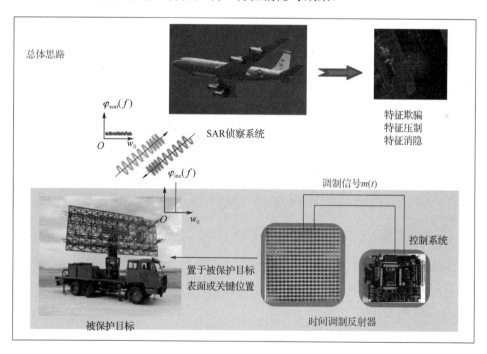

图 3.2　基于 TMR 合成孔径雷达无源干扰框架

采用 TMR，通过与雷达入射波的相互作用，实现反射回波的幅度、相位、时频特性等电磁特征的灵活调控，被保护目标雷达特征将发生改变，起到了"变色龙"的效果，迷惑了成像侦察雷达系统。

3.3.1　时间调制反射器谱变换模型

谱变换现象常常存在于电磁波与物质相互作用之下，导致辐射场以新频率振荡，从微波到光学频率都可以被广泛观察到。到目前为止，谱变换已经在通信、光学计算等领域得到了广泛应用。在雷达成像应用方面，回波的谱变换将影响雷达的成像特性，造成雷达目标特征的变化，被广泛关注。在信息论中，我们已知周期的时变信号能够产生离散的频谱，包括单极性和双极性信号。这里的单极性信号，即"10"编码信号可以等价于幅度调制信号，双极性信号，即"+1−1"编码信号等价于相位调制信号。受到此思想的启发，TMR 被提出以实现回波的谱变换。

如图 3.2 右下角所示，时间调制反射器由电磁调控材料及与之匹配的控制系统组成。电磁调控材料一般采用二维周期阵列，二极管作为可控元素，通过偏置电路的电压实现阻抗性能的改变。本节选用二极管最常用的一种调控方式，即利用偏置电路的开与关实现对电磁调控材料散射特性的控制，进而调控散射电磁波的幅度或相位。由于幅度或相位的切换通过一种时间函数执行，因此材料板的散射特性表现为时间的函数。在实际操作中，电磁调控材料散射特性的调制需要一套控制系统去实现，为 TMR 提供所需的偏置电压。

假设 TMR 的反射系数表示为 $w(t)$，对应控制器输入的调制序列为 $m(t)$，周期性切换频率为 w_s，无论幅度调制还是相位调制，调制信号频谱都可表示为

$$W(f) = A_{coef}\delta(f - w_s) \tag{3.1}$$

式中，A_{coef} 表示频谱的幅度系数。以点目标条件进行分析，假设入射信号为 $\varphi_{inc}(t)$，散射信号为 $\varphi_{scat}(t)$，则散射信号的波形可表示为

$$\varphi_{scat}(t) = w(t)\varphi_{inc}(t) \tag{3.2}$$

根据傅里叶变换对关系，散射信号频谱表示为

$$\begin{aligned}\varphi_{scat}(f) &= W(f) \otimes \varphi_{inc}(f) \\ &= A_{coef}\varphi_{inc}(f - w_s)\end{aligned} \tag{3.3}$$

式中，$\varphi_{inc}(f)$ 为信号 $\varphi_{inc}(t)$ 的频谱。式（3.3）表明，散射波的频谱相当于 TMR 对入射波施加了离散的多普勒调制，并在幅度上加权了一个 A_{coef} 的幅度系数。这些调制后的散射信号经 SAR 接收机成像处理后在雷达图像上形成相应的防护效果。

当输入调制序列为随机编码序列时，调制信号频谱表示为

$$V(f) = B_{coef} \sum_{k=0}^{K-1} a_k \exp(-j2\pi k\tau f) \tag{3.4}$$

式中，B_{coef} 为频谱的幅度系数；a_k 为伪随机码元序列；τ 为码宽。散射波的频谱相当于 TMR 对入射波施加了连续的多普勒调制，并在幅度上加权了一个 B_{coef} 的幅度系数，通过适当设计调制序列 $m(t)$，可以实现保护目标在 SAR 图像上的特征调制。

3.3.2　合成孔径雷达图像特征控制原理

合成孔径雷达生成的电磁辐射信号，经目标及地物背景散射形成相应的雷达回波信号，信号经雷达成像处理后，在雷达屏幕上形成目标与地物图像，识别系统利用相应目标模板获取具有物理意义的目标特征，为后续武器打击系统提供导引指令信息，改变、歪曲、模拟或消隐目标雷达图像特征，使合成孔径雷达不能够从地物背景散射回波信号中正确获取相应目标信息，是反雷达侦察的关键。

3.3.1 节分析了 TMR 能够实现反射回波的谱变换。这些回波经雷达成像处理将引起雷达图像上目标特征的变化。从 SAR 干扰的效果来分析，其实现手段采用干扰改变、遮盖真实目标特征，以实现假目标欺骗、目标特征压制及目标特征变换的效果。本节建立了三种 SAR 干扰模型：假目标欺骗模型、目标特征压制模型及目标特征变换模型，下面对它们依次进行分析。

3.3.2.1　假目标欺骗模型

假目标欺骗是指生成与真实目标高度逼真的虚假目标图像，以迷惑雷达系统或判图员的判断与操作，最终达到以假乱真、消耗雷达资源的效果。合成孔径雷达假目标欺骗从效果上划分主要包括虚假场景欺骗和虚假目标欺骗。虚假场景欺骗主要利用有源干扰机将已有虚假场景模板调制到干扰信号，以达到欺骗的效果。本节主要从无源干扰的角度出发，研究虚假目标欺骗模型。下面对假目标欺骗模型进行相应分析，如图 3.3 所示。

假目标欺骗模型可以通过两种方式实现：一是利用 TMR 制成与目标相似的诱饵；二是将 TMR 置于被保护目标表面。两种方式都需要利用 TMR 对雷达信号的调制作用，使已调信号经雷达成像处理后在雷达图像上生成大量虚假目标。这些虚假目标具有与真

实目标相似的精细特征，在雷达图像上难以分辨。

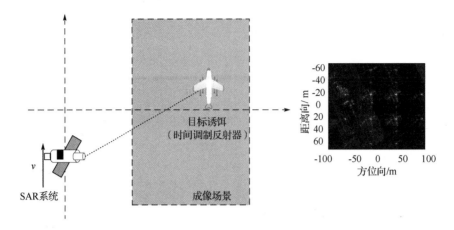

图 3.3　假目标欺骗模型

对于宽带雷达而言，由时间调制材料制作的目标诱饵包含许多散射点，整个目标图像调制等效于所有散射点之和。因为 SAR 信号包含快时间项和慢时间项，因此 TMR 散射系数也相应包含快时间和慢时间的调制项，表示为 $W(\hat{t}, t_{\mathrm{m}})$。这里从信号的角度对假目标欺骗进行简要分析，假设目标包含 I 个散射点，SAR 系统发射 LFM 信号，雷达接收机收到时间调制材料的回波信号表示为

$$
\begin{aligned}
r\left(\hat{t}, t_{\mathrm{m}}\right)=W\left(\hat{t}, t_{\mathrm{m}}\right) & \sum_{i=1}^{I} \sigma_i \operatorname{rect}\left(\frac{\hat{t}-2R_i/c}{T_{\mathrm{P}}}\right) \times \\
& \exp\left\{\mathrm{j}2\pi\left[f_0\left(t-\frac{2R_i}{c}\right)+\frac{1}{2}K_{\mathrm{r}}\left(\hat{t}-\frac{2R_i}{c}\right)^2\right]\right\}
\end{aligned}
\tag{3.5}
$$

式中，R_i 为在时刻 t_{m} 从第 i 个散射点到 SAR 系统的距离；σ_i 为第 i 个散射点的散射系数。

将回波信号转换到频率维，由 3.3.1 节谱变换模型可知，周期时域信号能够对入射信号产生 w_{s} 的频率调制，调制信号 $W(\hat{t}, t_{\mathrm{m}})$ 包含对信号的双重多普勒调制，即 $s(\hat{t}, f-w_{\mathrm{s}})$ 和 $s(t_{\mathrm{m}}, f-w_{\mathrm{m}})$，$w_{\mathrm{m}}$ 为慢时间调制信号对应的多普勒频移。调制主要影响式（3.5）中 exp(·)的相位项，进一步影响目标雷达图像的生成。

已调信号的成像处理可以被视为距离向与方位向二维脉冲压缩的过程，根据时频特性分析可知，频谱的延拓可以表现为距离向的延伸，干扰信号二维图像输出为

$$I\left(R_{\mathrm{r}}, R_{\mathrm{a}}\right) = A_{\mathrm{coef}} \sum_{i=1}^{I} \sigma_i \mathrm{sinc}\left[\frac{2K_{\mathrm{r}}T_{\mathrm{p}}}{c}\left(R_{\mathrm{r}} - R_{\mathrm{jr}}\right)\right] \mathrm{sinc}\left[\frac{2K_{\mathrm{a}}T_{\mathrm{L}}}{c}\left(R_{\mathrm{a}} - R_{\mathrm{ja}}\right)\right] \tag{3.6}$$

式中，R_{jr} 和 R_{ja} 分别表示虚假峰沿距离向和方位向上的扩展。根据式（3.6），图像输出结果沿距离向与方位向包含许多 sinc 峰，每个 sinc 峰可等效为一个点状假目标。这些点状假目标联合构建成具有真实目标特征的假目标图像。

3.3.2.2　目标特征压制模型

目标特征压制是雷达对抗领域最早出现的一种对抗方法，主要利用强的干扰信号能量遮盖目标，以破坏目标的 SAR 图像特征，影响雷达判图员对目标正确的判读。传统的有源压制干扰主要依赖噪声调制技术，由于噪声干扰信号与 SAR 发射信号完全不相干，因此需要很强的干扰功率。近年来，利用数字射频存储技术将噪声信号调制到转发信号上，使干扰信号能够获得部分相干处理增益，干扰能量的利用率大大增强。

无源压制技术主要利用强反射器散射回去的能量对目标进行覆盖，如角反射器、箔条等，它们具有很大的雷达目标散射截面（RCS），散射信号能够获得二维相干处理增益，在 SAR 图像上往往能形成能量极强的十字亮线。为了形成方位向的扩展，旋转角反射器被研究人员进一步研究，相当于对雷达信号施加了一个连续的多普勒调制。由于机械转动速率较慢，SAR 信号的一个脉冲大概是微秒级的，因此只能实现对雷达脉冲间的调控，由旋转生成的干扰条带只能位于同一个距离单元，在距离向难以形成有效的扩展。为解决此问题，学者们在距离向布置了多个旋转角反射器，每个旋转角反射器都能实现方位向的扩展，它们叠加起来就能形成一定面积的干扰区域，实现对目标的有效防护。当保护区域较大时，对旋转角反射器数量的需求激增，在实际操作中既大大增加了成本又难以实现具体操作。

本节提到的 TMR 采用电控的方式，切换速率受可变阻抗元件影响，从目前研究情况来看，切换速率能够达到几十纳秒，可以实现对 SAR 信号脉内和脉间的双重调控。如图 3.4 所示，将 TMR 制作成强反射器置于被保护目标周围，利用电控的方式对反射器的散射特性进行快速切换，原本的十字亮线能量沿距离向和方位向扩展，在 SAR 图像上形成的压制区域能够有效覆盖真实目标，从而实现对目标的有效防护。

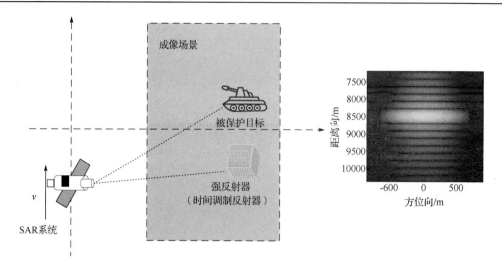

图 3.4 目标特征压制模型

不同于假目标欺骗模型中 TMR 对雷达信号的离散多普勒调制，目标特征压制需要生成大块压制区域，需要对 SAR 信号实施连续的多普勒调制，回波信号可表示为

$$r(\hat{t}, t_{\mathrm{m}}) = r_{\mathrm{j}}(\hat{t}, t_{\mathrm{m}}) + r_{\mathrm{t}}(\hat{t}, t_{\mathrm{m}}) \tag{3.7}$$

式中，经调制后的干扰信号 $r_{\mathrm{j}}(\hat{t}, t_{\mathrm{m}})$ 可表示为

$$
\begin{aligned}
r_{\mathrm{j}}(\hat{t}, t_{\mathrm{m}}) = {} & U(\hat{t}, t_{\mathrm{m}}) \sigma_{\mathrm{j}} \operatorname{rect}\left(\frac{\hat{t} - 2R/c}{T_{\mathrm{P}}}\right) \times \\
& \exp\left\{\mathrm{j}2\pi\left[f_0\left(t - \frac{2R}{c}\right) + \frac{1}{2}K_{\mathrm{r}}\left(\hat{t} - \frac{2R}{c}\right)^2\right]\right\}
\end{aligned}
\tag{3.8}
$$

式中，$U(\hat{t}, t_{\mathrm{m}})$ 表示反射器的时间调制函数；σ_{j} 表示时间调制材料的散射系数。将回波信号转换到频率维，由于随机编码信号能够对入射信号产生 w_{r} 的连续多普勒调制，因此调制信号 $U(\hat{t}, t_{\mathrm{m}})$ 同样包含对信号的双重连续多普勒调制，即 $s(\hat{t}, f - w_{\mathrm{r}})$ 和 $s(t_{\mathrm{m}}, f - w_{\mathrm{a}})$，$w_{\mathrm{a}}$ 为慢时间调制信号对应的连续多普勒调制。

目标回波信号可表示为

$$
\begin{aligned}
r_{\mathrm{t}}(\hat{t}, t_{\mathrm{m}}) = {} & \sum_{i=1}^{I} \sigma_{\mathrm{t}i} \operatorname{rect}\left(\frac{\hat{t} - 2R_i/c}{T_{\mathrm{P}}}\right) \times \\
& \exp\left\{\mathrm{j}2\pi\left[f_0\left(t - \frac{2R_i}{c}\right) + \frac{1}{2}K_{\mathrm{r}}\left(\hat{t} - \frac{2R_i}{c}\right)^2\right]\right\}
\end{aligned}
\tag{3.9}
$$

因为 R_i 表示第 i 个散射点到 SAR 系统的距离，TMR 往往置于被保护目标周围，因此与雷达距离近似认为相等，即 $R = R_i$。

根据时频特性分析可知，频谱的延拓可以表现为距离向的延伸，其在雷达图像上能够生成块状区域，以压制原始目标图像。不同于周期调制生成离散的 sinc 峰，随机编码调制在图像上生成连续区域，强反射器点目标的能量相当于在距离向和方位向进行扩展，生成块状区域。

从雷达方程的角度分析，目标回波功率表示为

$$P_t = \frac{PG_t^2 \lambda^2 \sigma_t}{(4\pi)^3 R^4} \tag{3.10}$$

式中，P 为合成孔径雷达系统发射功率，发射和接收天线的增益系数都为 G_t。经时间调制材料形成的压制区域回波功率为

$$P_j = \frac{PG_t^2 \lambda^2 \sigma_j}{(4\pi)^3 R^4} \cdot (A_a)^2 \tag{3.11}$$

式中，A_a 表示压制区域内幅度调制系数，要形成有效防护，需要压制区域回波功率大于目标回波功率，即 $P_j > P_t$。

干扰装置不宜做得很大，不方便操控。角反射器通常是由几块相互垂直的金属面构成的刚性结构，具有较大的目标散射截面，是一种理想的干扰结构。

3.3.2.3　目标特征变换模型

前面已经对目标特征压制技术展开了论述，往往将强反射器置于被保护目标附近，需要更强的反射信号来覆盖 SAR 图像上被保护目标的雷达特征，使被保护目标的雷达特征难以被雷达检测与识别，需要反射器具有很强的能量。无源干扰并不能增大回波的能量，只能通过反射器反射，能量存在一定的损失，往往存在能量不足等问题。本节提出了一种与 TMR 更为契合的干扰方法，即目标特征变换方法。

与传统隐身技术有所区别，本节的目标特征变换方法利用时间调制反射器依附于被保护目标表面或关键部位，降低目标本体的图像特征，同时在目标周围生成条带状或块状区域，使雷达判图员对 SAR 系统目标特征的检测与识别造成极大的困难，如图 3.5 所示。

在目标特征压制中，雷达回波包含目标和干扰信号，要求干扰信号能量将目标覆盖，目标特征变换技术只包含经 TMR 调制后的回波信号，即

$$
\begin{aligned}
r_j\left(\hat{t}, t_m\right) = & V\left(\hat{t}, t_m\right) \sigma_j \operatorname{rect}\left(\frac{\hat{t}-2R/c}{T_P}\right) \times \\
& \exp\left\{\mathrm{j}2\pi\left[f_0\left(t-\frac{2R}{c}\right)+\frac{1}{2}K_r\left(\hat{t}-\frac{2R}{c}\right)^2\right]\right\}
\end{aligned}
\tag{3.12}
$$

式中，$V\left(\hat{t}, t_m\right)$ 表示反射器的时间调制函数；σ_j 表示时间调制材料的散射系数。从信号调制角度来看，目标特征变换模型与目标特征压制模型相似，都是利用了 TMR 对信号的连续多普勒调制，即 $s\left(\hat{t}, f-w_r\right)$ 和 $s\left(t_m, f-w_a\right)$，使 SAR 图像上目标关键特征稀疏化，变成条带状或块状区域。

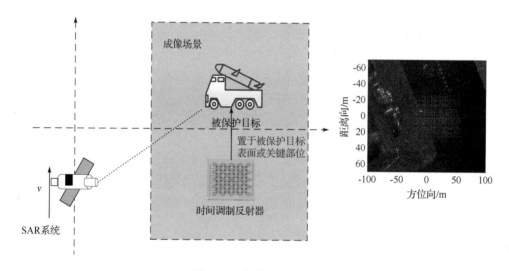

图 3.5　目标特征变换模型

3.4　评估指标构建

3.2 节和 3.3 节从原理和方法层面对合成孔径雷达目标特征电磁调控技术进行了详细的描述，在实际应用中，如何科学化、定量化表征合成孔径雷达目标干扰效果，将为干扰装置的设计产生直接指导作用，具有重要的科学价值和军事意义。

干扰效能作为衡量干扰技术性能和干扰装置的一项综合性指标，主要包含两层含义，即 SAR 图像特征控制效果与时间调制反射器调控效果。目前，SAR 图像特征控制效果评估主要分为客观评估和主观评估：客观评估的对象是雷达本身，主要根据干扰前后 SAR 图像指标的变化程度进行分析，制定合理的评判准则进行最终判断；主观评估的对象是雷达操控手或判图员，需要考虑人的视觉效果和心理特征，往往需要基于客观评估的相应准则。TMR 调控效果主要是指干扰器材对于雷达信号调控的适应性。目前，入射信号频率、方向、带宽、极化等相关信号参数限制着干扰效果，无源干扰装置难以确保对不同合成孔径雷达的通用性。本节先从 SAR 图像特征调制的角度，提出了相关衡量指标，再对反射器调控指标进行了阐述。

3.4.1 图像特征控制评估指标

相对于 SAR 目标防护技术而言，干扰效果评估的发展相对滞后，需要采取客观评估和主观评估相结合的方式，目前并没有一个公认准确的衡量准则。主观评估主要是参考 SAR 判图员的知识和相应经验，对事先不知情的图像特征控制效果进行一个综合判断。仅仅根据人的主观意愿进行评判是草率的，客观评估中的定量评估指标能够提供相当纷繁的图像信息，判图员会参考这些信息并结合自己以往经验做出合理判断。因此，在 SAR 图像评估中，对于干扰后 SAR 图像的表征量分析尤为重要。

由前面分析可知，通过偏置电路的控制实现对 TMR 散射特性的快速切换，以致对雷达反射信号的相位产生影响。本节将对 SAR 目标防护效果的变化提出相应表征量，主要从信息准则和功率准则对干扰效果进行一个综合判断。信息准则利用 SAR 图像干扰前后信息的变化量进行评估，功率准则通过对比干扰信号和目标信号的功率进行判断。接下来将分别对假目标欺骗模型、目标特征压制模型和目标特征变换模型的评估指标展开分析。

3.4.1.1 假目标欺骗模型的评估指标

本节提出的 SAR 假目标欺骗特指多假目标图像欺骗，评估指标主要从空间分布和图像质量进行表征。

（1）假目标位置 $R(n,m)$。

由式（3.12）可知，TMR 调制后的信号回波经成像处理能够产生距离向和方位向变化的二维假目标，利用 $R(n,m)$ 表征第 (n,m) 阶假目标的位置信息参数。

（2）假目标功率。

经二维调制生成的距离方位多假目标，其功率受调制后幅度系数 $A_{\mathrm{coef}}(n,m)$ 影响，假设目标散射截面为σ_{t}，由时间调制材料构成的干扰装置散射截面为σ_{j}，因此目标回波功率为

$$P_{\mathrm{t}} = \frac{P G_{\mathrm{t}}^2 \lambda^2 \sigma_{\mathrm{t}}}{(4\pi)^3 R^4} \tag{3.13}$$

则第(n,m)阶假目标回波功率可表示为

$$P_{jnm} = \frac{P_{\mathrm{t}} G_{\mathrm{t}}^2 \lambda^2 \sigma_{\mathrm{j}}}{(4\pi)^3 R^4} \times \left[A_{\mathrm{coef}}(n,m) \right]^2 \tag{3.14}$$

（3）假目标个数。

经调制在雷达图像生成的假目标在距离向和方位向的阶数是独立的，雷达图像距离向个数N_n和方位向个数M_n也是相互独立的，因此雷达图像上最多可输出假目标个数为

$$\mathrm{Num} = N_n \cdot M_n \tag{3.15}$$

上述三个参数主要从生成假目标的空间分布对干扰效果进行了表征，下面将从图像质量，即假目标逼真度进行分析。

（4）SAR 点目标图像质量。

一幅真实的 SAR 目标图像往往由许多点目标构成，因此点目标的性能将直接影响一幅真实 SAR 目标图像的好坏。点目标性能评估指标一般包括峰值旁瓣比、积分旁瓣比、主瓣宽度等。

3dB 主瓣宽度$t_{3\mathrm{dB}}$表示目标强散射点中心峰值一半的两点宽度，是衡量雷达图像聚焦效果和分辨力的关键指标。其值越小，表征点目标图像分辨力越好。一般情况下，假目标会出现主瓣展宽，直观反映了假目标信号聚焦效果的恶化程度。

3.4.1.2 目标特征压制模型的评估指标

（1）压制区域面积。

TMR 的随机编码调制能够实现对信号的连续多普勒调制，经成像处理后，反射器能量可以沿距离向和方位向延拓，假设距离向延拓为$\Delta R_{\mathrm{rmain}}$，方位向延拓为$\Delta R_{\mathrm{amain}}$，因为能量主要分布在主瓣区域，所以压制区域面积为

$$S_{\mathrm{main}} = \Delta R_{\mathrm{rmain}} \cdot \Delta R_{\mathrm{amain}} \tag{3.16}$$

（2）干信比。

对于目标特征压制而言，干信比（Jammer-to-Signal Ratio，JSR）是实现成功压制的一项重要技术指标，压制区域的能量一般来源于由时间调制材料构成的强反射器随机编码调制的电磁散射，反射器散射能量在 SAR 图像压制区域重新分布，可遮盖需要保护地物目标的雷达特征。

在目标特征压制模型中，3.4.1.1 节已经从功率的角度表述了目标和主瓣区域回波的信号功率，则压制区域干信比为

$$\mathrm{JSR} = \frac{\sigma_{\mathrm{j}}}{\sigma_{\mathrm{t}}}(A_{\mathrm{a}})^2 \tag{3.17}$$

因为 A_{a}^2 小于 1，所以若要形成有效压制，则 $\dfrac{\sigma_{\mathrm{j}}}{\sigma_{\mathrm{t}}}$ 的比值应尽可能大。TMR 的 RCS 需要尽量大于被保护目标的 RCS，以提供有效目标特征压制所需的能量。

3.4.1.3　目标特征变换模型的评估指标

（1）目标图像抑制比。

目标图像抑制比表征干扰前后两幅图像 F 和 G 目标特征的削弱程度，定义为

$$\mathrm{TISRR} = 20\lg\left[\frac{\sum\limits_{n=a}^{n=b}\sum\limits_{m=c}^{n=d}I_{\mathrm{F}}(n,m)}{\sum\limits_{n=a}^{n=b}\sum\limits_{m=c}^{n=d}I_{\mathrm{G}}(n,m)}\right] \tag{3.18}$$

式中，$I_{\mathrm{F}}(n,m)$ 表示无干扰图像不同分辨单元强度；$I_{\mathrm{G}}(n,m)$ 表示干扰后图像不同分辨单元强度；a、b 为距离向上目标所在区域的边界；c、d 为方位向上目标所在区域的边界。

（2）相关系数。

相关系数表征干扰前后两幅图像 F 和 G 之间统计意义上的相关性，定义为

$$\rho_{\mathrm{FG}} = \frac{\sum\limits_{n=1}^{N}\sum\limits_{m=1}^{M}I_{\mathrm{F}}(n,m)I_{\mathrm{G}}(n,m)}{\sqrt{\left\{\sum\limits_{n=1}^{N}\sum\limits_{m=1}^{M}[I_{\mathrm{F}}(n,m)]^2\right\}\left\{\sum\limits_{n=1}^{N}\sum\limits_{m=1}^{M}[I_{\mathrm{G}}(n,m)]^2\right\}}} \tag{3.19}$$

一般情况下，$0 \leqslant \rho_{\mathrm{FG}} \leqslant 1$，$\rho_{\mathrm{FG}}$ 越小，表示干扰前后两幅图像统计意义上的相关性越低。

3.4.2　反射器调控评估指标

随着材料技术的发展，电磁调控材料与电磁波的相互作用成为近年来的热点，在通信、雷达、电子对抗领域得到了极大的应用，无论在哪个领域，核心都是材料对电磁波的调控作用。

对于高价值目标的防护而言，TMR 旨在实现对雷达信号的电磁调控，所调制的雷达信号从单样式回波调制向复杂信号调制的方向不断发展。从目前来看，雷达信号参数，如载频、带宽、极化等限制了电磁调控的效果。本节将构建反射器调控评估的表征量，这对于 TMR 的设计工作具有指导意义。

（1）切换速率。

TMR 通过外加激励改变材料的元件位置或物理特性来控制材料的电磁特性，目前外加激励主要包括机械控制、电控调节、光控调节等。合成孔径雷达信号脉宽通常为微秒量级，合成孔径时间为秒级，为实现对信号脉冲的快速调控，通过机械控制显然存在调控速度过慢的问题，不符合实际需求。

TMR 的控制方式主要包括 PIN 二极管、变容二极管、MEMS 开关等。材料散射特性的切换速率主要与可变器件开关切换速率有关，从设计者的角度出发，虽然希望切换速率越快越好，但随着切换速率的增加，开关的适应性将相应提高，成本也会等幅度提升。合理选用开关器件及控制波形，对装置性能将产生深远影响。

（2）频带范围。

从目标防护的角度来看，干扰装置的适用频带越宽越好。TMR 往往采用二维周期结构，只能在频带区间内对电磁波具有调控作用，不具有全频段调控性能，合理的设计和选择调控频带是发挥干扰装置良好效能的关键。

目前，合成孔径雷达主要分为机载、星载、弹载及地基雷达，因为本节主要保护对象为地面高价值目标，因此机载和星载合成孔径雷达是本节主要的关注对象。从目前公开的数据来看，C 波段（4～8GHz）、X 波段（8～12GHz）、Ku 波段（12～18GHz）是合成孔径雷达主要工作频段，随着硬件设备的提升，信号带宽越来越宽，X 波段的雷达信号基本带宽为 100MHz～2GHz。

从反射器设计角度来看，频带特性主要与 TMR 的单元结构、阻抗元件和介质层厚度相关，介质层的厚度往往决定了反射器调控的工作频带，单元结构、阻抗元件联合决定了反射器的调控性能。

（3）极化范围。

当电磁波照射到 TMR 时，入射波电场矢量可沿垂直入射平面和平行入射平面进行正交分解，得到电场在入射平面法线分量和平面内分量，分别称为垂直极化波（TE 波）和水平极化波（TM 波）。对于二维周期材料而言，一般情况认为只要保证单元结构中心对称，在 TE 和 TM 两种极化方式下，反射性能基本相同。

然而，TMR 需要实现对电磁波的调控性能，有源可变器件往往存在整体结构中。有源可变器件的控制在一般情况下通过外加偏置电路实现，电流的流向会对极化性能产生影响，同时偏置线的引入有时会破坏结构的整体对称性能。因此，极化不敏感 TMR 是目前设计上的难点问题。

本章提出了基于 TMR 的合成孔径雷达目标电磁调控原理与评估指标。首先分析了 SAR 成像原理与关键影响因素，对合成孔径雷达目标电磁调控具体的实现原理和应用方式进行了宏观的阐述。紧接着建立了 TMR 谱变换模型，通过时间函数有规律地改变反射器的散射特性，以实现反射波的谐波变换。在此基础上，研究了合成孔径雷达图像特征控制原理，包括假目标欺骗模型、目标特征压制模型及目标特征变换模型。最后提出了图像特征控制的评估指标——假目标位置、功率、个数，SAR 点目标图像质量，压制区域面积，干信比，目标图像抑制比，相关系数；衡量反射器调控效果的评估指标——切换速率、频带范围、极化范围。合成孔径雷达电磁调控无源干扰技术概括如表 3.1 所示。

表 3.1　合成孔径雷达电磁调控无源干扰技术概括

干扰装置	信号波形	特征控制效果	评估指标
时间调制反射器	周期调制	假目标欺骗	假目标位置、功率、个数，SAR 点目标图像质量
	随机编码调制	目标特征压制	压制区域面积，干信比
		目标特征变换	目标图像抑制比，相关系数
	反射器调控评估指标		切换速率、频带范围、极化范围

第4章　电磁调控无源干扰反射器

4.1　概述

在第 3 章中，已经给出了时间调制反射器的概念，其包含材料板和与之匹配的控制系统，利用材料电磁散射的时变特性，对回波信号进行幅度、相位等电磁信息调控是电磁调控材料目前的研究热点。

时间调制阵列（Time Modulated Array，TMA）使用时间调制器代替数字移相器，并且它们通过调整调制脉冲的时间延迟来控制相移，以实现谐波转换[43]。通过集成在阵列元件中的 PIN 二极管开关结构能够控制辐射方向图和谐波频率，这些阵列结构主要应用于雷达和无线通信系统。然而，不同阵列内的 PIN 二极管由不同的时间调制波形控制，使得调制网络和操作方案复杂。东南大学的崔铁军团队对时间调制数字编码超表面结构进行了广泛研究，该结构通过调节结构中每个单元的相位和幅度响应以获得电磁波控制能力。在大多数情况下，每个单元或列单元共享一个偏置电压以使调控更加精确。由于是每个单元精确控制，其往往需要来波先验信息，同时需要复杂的控制网络，因此成本大幅提高。

图 4.1 给出了时间调制反射器的总体构造，TMR 由电磁调控材料及与之匹配的控制系统组成。电磁调控材料一般采用二维周期阵列，二极管作为可控元素，其可通过偏置电路的电压实现阻抗性能的改变。从整体上来看，电磁调控材料利用偏置电路的开关实现对电磁波的调控。这种切换通过一种时间函数执行，因此其散射特性表现为时间的函数。AFSS 和 PSS 反射器具备散射特性调控功能，通过偏置网络可以进行整体控制，使其能够输出相应的调制波形给反射器，以达到实时调控雷达电磁波的目的。

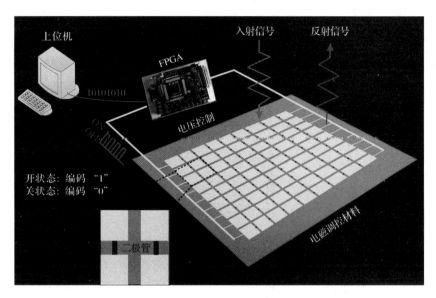

图 4.1　时间调制反射器的总体构造

4.2　电磁调控材料工作机理

4.2.1　幅度调控材料电磁调控机理

在幅度调控材料中，应用较为广泛的为吸波/反射型有源超表面和透波/反射型有源超表面。吸波/反射型 AFSS 的结构一般包括有源阻抗层、介质层和导体背板，而透波/反射型有源超表面仅包含一层有源阻抗层。有源阻抗层通常包括二维周期阵列、可变阻抗元素及 FSS 基质。介质层往往由泡沫介质或空气组成。AFSS 吸波原理如图 4.2 所示。

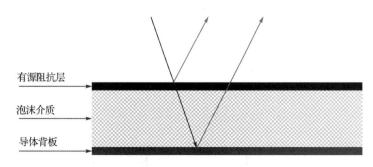

图 4.2　AFSS 吸波原理

对于吸波/反射型 AFSS，当电磁信号入射到有源阻抗层平面时，部分电磁信号经此平面反射回去，而透过的电磁信号经导体背板反射回去，与经平面反射的电磁信号差一个相位 π，两部分电磁信号在空间相互干涉并抵消，因此 AFSS 往往在特定频段具有良好的吸波性能。

不管是对吸波/反射型有源超表面还是对透波/反射型有源超表面，通过在有源阻抗层添加 PIN 二极管或变容二极管等有源器件可以实现电磁特性的动态变化。

为了更好地分析有源超表面的幅度调控机理，利用传输线理论构建幅度调控超表面的等效电路模型。图 4.3 给出了幅度调控超表面等效电路模型图。

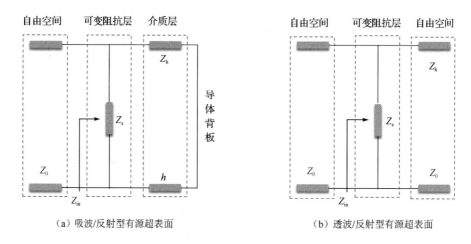

（a）吸波/反射型有源超表面　　　　　　　　（b）透波/反射型有源超表面

图 4.3　幅度调控超表面等效电路模型图

不管是吸波/反射型有源超表面还是透波/反射型有源超表面，当有源超表面的输入阻抗为 Z_{in} 时，有源超表面的反射系数都可表示为

$$S_{11} = \left| \frac{Z_{in} - Z_0}{Z_{in} + Z_0} \right| \tag{4.1}$$

式中，Z_0 为自由空间的特性阻抗，$Z_0 \approx 377\Omega$。

对于吸波/反射型有源超表面，终端短路，假设介质层等效为无损耗传输线，此时吸波/反射型有源超表面的输入阻抗可表示为

$$Z_{in} = \frac{Z_s Z_h \tan(\beta h)}{Z_s + Z_h \tan(\beta h)} \tag{4.2}$$

式中，h 表示介质层厚度；Z_h 表示介质层的等效阻抗；β 表示介质层的传播常数，$\beta = \omega\sqrt{\mu\varepsilon}$；$Z_s$ 表示有源阻抗层的等效阻抗，$Z_s = R + jX$。

介质层等效为无损耗传输线的等效阻抗 Z_h 可表示为

$$Z_h = \sqrt{\frac{\mu}{\varepsilon}} = \sqrt{\frac{\mu_r}{\varepsilon_r}}\sqrt{\frac{\mu_0}{\varepsilon_0}} \tag{4.3}$$

式中，$\sqrt{\dfrac{\mu_0}{\varepsilon_0}} = Z_0 \approx 377\Omega$ 为自由空间的特性阻抗。

图 4.4 显示了幅度调控有源超表面的输入阻抗与反射系数关系曲线，从图中可以看出，随着有源超表面输入阻抗的不断增大，有源超表面反射系数调控深度先增大后减小，当输入阻抗 $Z_{in} \approx 377\Omega$ 时，有源超表面反射系数拥有最大反射系数调控深度。而当反射系数 $S_{11} < -10\text{dB}$ 时，输入阻抗变化范围为 200～700Ω。因此，从图 4.4 中可以看出，通过控制有源超表面的输入阻抗可以有效改变其反射系数调控深度。因此，有源超表面的幅度调控功能主要通过改变有源超表面的输入阻抗来实现。

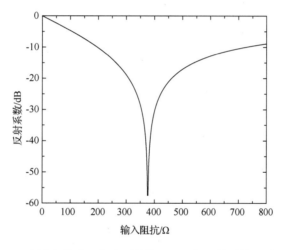

图 4.4　幅度调控有源超表面的输入阻抗与反射系数关系曲线

4.2.2　相位调控材料电磁调控机理

在对雷达信号的调控中，除了对幅度信息的调控，还存在另一个重要的调控维度，即相位信息调控。而在相位调控材料中，PSS 通过外加激励的方式可以在共形结构下对反射波相位进行调控，其结构主要包括有源阻抗层、介质层和导体背板，介质层通常用空气或介电常数为 1 的基板填充。其中有源阻抗层集成有源器件，可以利用外加偏置电压控制有源器件的阻抗在一定范围内变化，从而改变有源阻抗层的等效阻抗。以常用的 PIN 二极管作为有源阻抗层的有源器件，通过外加偏置电压可以控制 PIN 二极管的偏置状态。当 PIN 二极管处于 OFF 状态时，PIN 二极管等效电阻最大，PSS 单元之间表现为开路状态，单元结构的有源阻抗层可以等效为混合串联 LC 谐振电路，实现全反射的电磁响应。因此，入射到 PSS 的电磁波直接被有源阻抗层反射到自由空间。当 PIN 二极管处于 ON 状态时，PIN 二极管等效电阻最小，PSS 单元之间表现为导通状态，单元结构的有源阻抗层可以等效为混合并联 LC 谐振电路，实现全透射的电磁响应。入射到 PSS 的电磁波先直接透过有源阻抗层，然后经过介质层到达导体背板后反射。PSS 调控原理示意图如图 4.5 所示，假设入射频率为 f_c 的单频信号入射到 PSS，当 PIN 二极管处于 OFF 状态时，反射波可表示为 $\exp(2\pi f_c t)$；而当 PIN 二极管处于 ON 状态时，反射波可表示为 $\exp(2\pi f_c t+2\beta h_p)$，其中，$\beta=2\pi/\lambda_c$，介质层厚度为 h_p，当 $h_p=\lambda_c/4$ 时，电磁波经过 $\lambda_c/4$ 双程延迟后再反射，获得的反射信号为 $\exp(2\pi f_c t+2\beta h_p) = \exp(2\pi f_c t+\pi) = -\exp(2\pi f_c t)$。因此，PIN 二极管在 OFF 和 ON 两种状态下切换时，反射相位差为 π，可以实现对入射电磁波反射相位的动态调控。

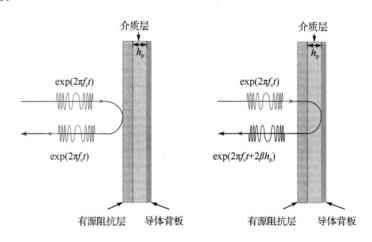

图 4.5　PSS 调控原理示意图

相位调控超表面和幅度调控超表面具有相似的物理结构，因此为了更好地分析相位调控超表面的相位调控机理，同样可以利用传输线理论构建相位调控超表面的等效电路模型。图 4.6 所示为相位调控超表面等效电路模型图。

当相位调控超表面的输入阻抗为 Z_{inp} 时，相位调控超表面的反射相位可以表示为

$$\phi(S_{11}) = \phi\left(\frac{Z_{\text{inp}} - Z_0}{Z_{\text{inp}} + Z_0}\right) \tag{4.4}$$

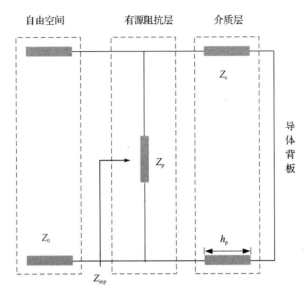

图 4.6   相位调控超表面等效电路模型图

此时相位调控超表面的输入阻抗可表示为

$$Z_{\text{inp}} = \frac{Z_p Z_c \tan\left(\beta h_p\right)}{Z_p + Z_c \tan\left(\beta h_p\right)} \tag{4.5}$$

式中，$\beta = 2\pi / \lambda_c$ 为介质层的传播常数。当相位调控超表面有源阻抗层的有源器件处于 ON 状态时，有源阻抗层的等效电阻较小，即 $Z_p \approx 0\Omega$，$Z_{\text{inp}} \approx 0\Omega$。在该状态时，相位调控超表面的反射系数为 $S_{11} \approx -1$，此时相位调控超表面的反射相位为

$$\phi_1(S_{11}) = \pi \tag{4.6}$$

当相位调控超表面有源阻抗层的有源器件处于 OFF 状态，即有源阻抗层的等效电阻 Z_p 为无穷大时，如果 $h_p = \lambda_c/4$，则可得 $Z_{\text{inp}} \approx \infty\Omega$。在该状态时，相位调控超表面的反射系数为 $S_{11} \approx 1$，此时相位调控超表面的反射相位为

$$\phi_2(S_{11}) = 0 \tag{4.7}$$

因此，当相位调控超表面有源阻抗层的有源器件在 ON/OFF 状态之间切换时，相位调控超表面在这两种状态之间的相位差为 π，可以实现对入射电磁波反射相位的动态调控。

4.3　幅度调控材料研究

4.3.1　宽带有源频率选择表面

4.3.1.1　单元结构设计与分析

本节设计了一种树型 AFSS 反射器，使其具备更宽的调制频带及 X 波段全频带的调制范围。树型 AFSS 反射器单元结构如图 4.7 所示。

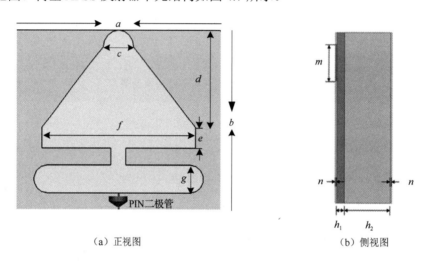

（a）正视图　　　　　　　　　　　（b）侧视图

图 4.7　树型 AFSS 反射器单元结构

图 4.7 中的树型 AFSS 反射器单元的几何参数为 a=20mm，b=16mm，c=3mm，d=7mm，e=2mm，f=15mm，g=2.5mm。树型 AFSS 反射器有源阻抗层 FR4 的厚度为 0.8mm，其介电常数 ε=4.4，介质损耗角正切 $\tan\delta$=0.02，铜箔厚度为 0.017mm。介质层的介电常数为 1.05，厚度为 4.2mm。电阻加载到树型 AFSS 反射器单元之间，以模拟 PIN 二极管电阻的变化，其值为 20～1000Ω。

假定电磁波以不同的模式照射到树型 AFSS 反射器结构平面，由于此结构为非对称状态，将对不同极化方向电磁波产生不同的响应。图 4.8 给出了电磁波水平极化和垂直极化照射下树型 AFSS 反射器的反射率仿真结果。仿真设置电磁波频率范围为 2～18GHz，垂直入射，电阻变化范围为 20～1000Ω。

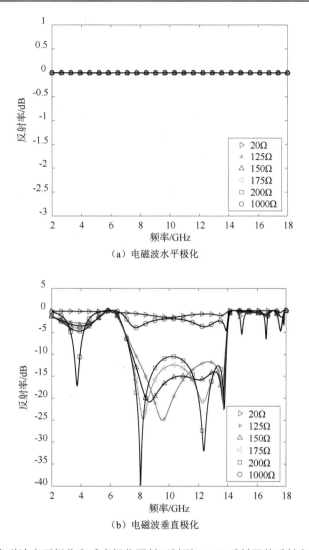

图 4.8　电磁波水平极化和垂直极化照射下树型 AFSS 反射器的反射率仿真结果

从图 4.8（a）可明显看出，当电磁波水平极化照射时，树型 AFSS 反射器结构在全频段都呈现高散射状态，与电阻值的变化无关。如图 4.8（b）所示，当电磁波为垂直极化照射时，该结构在一定频段内具有很强的吸收作用，随着电阻的变化，吸收峰出现在不同的频率。当电阻为 150Ω 时，在 X 全波段呈现吸收状态，小于-15dB 的吸收带宽约为 4.5GHz。当电阻增大时，树型 AFSS 反射器的吸收峰减弱。当电阻增大到 1000Ω 时，该结构在 6～16GHz 显示出较强的散射。因此树型 AFSS 反射器在 8～12GHz（X 波段）能够表现出很强的吸波反射特性。

接下来，分析介质层厚度对于树型 AFSS 反射器的反射率的影响。由树型 AFSS 反射器的结构吸波原理可知，树型 AFSS 反射器是一种干涉式吸波结构，因此介质层厚度将影响树型 AFSS 反射器结构的反射性能。如图 4.9 所示，当 PIN 二极管电阻为 20Ω 或 1000Ω 时，介质层厚度的改变对其性能影响较小。在其他情况下，随着介质层厚度变薄，其吸波特性将大幅度削弱，以 100Ω 为例，当介质层厚度为 4.2mm 时，其能够实现 X 波段-15dB 的吸波；当介质层厚度为 3.2mm 时，其 X 波段吸波深度变为-10dB；当介质层厚度更薄变为 2.2mm 时，其 X 波段吸波深度变为-7dB 左右。另外，介质层厚度的变化将影响谐振频率，即最佳吸波时的频点。以 150Ω 为例，随着介质层厚度的变小，谐振点从 8GHz 向右移动，当介质层厚度为 2.2mm 时，谐振点在 8.75GHz 左右。为了达到较好的幅度调制效果，试验样品选用 4.2mm 的 PMI 泡沫板作为介质层。

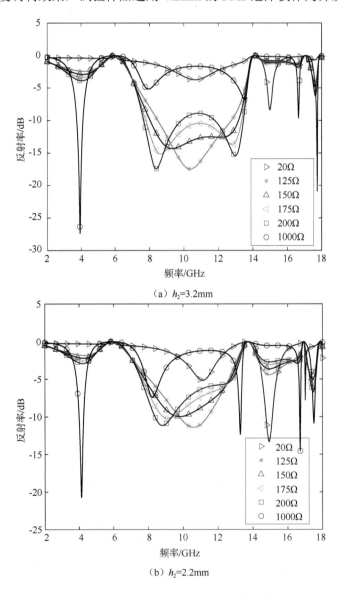

（a）h_2=3.2mm

（b）h_2=2.2mm

图 4.9   不同介质层厚度树型 AFSS 反射器的反射特性

4.3.1.2　样品加工测试

树型 AFSS 反射器的制作关键在于有源阻抗层的加工。根据 CST 单元仿真结构，首先利用 AutoCAD 软件绘制整体电路图，如图 4.10（a）所示。电路中包含 380（19×20）个树型单元，利用专业加工厂商将其蚀刻在 FR4 单面覆铜板上，其中树型 AFSS 反射器的有源阻抗层 FR4 的厚度为 0.8mm，其介电常数 ε=4.4，表面铜层厚度为 17μm，生成的有源阻抗层如图 4.10（b）所示。

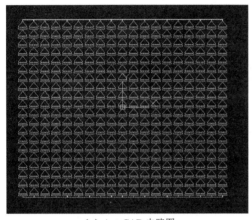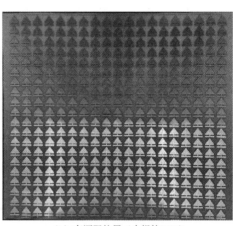

（a）AutoCAD 电路图　　　　　　　（b）有源阻抗层（未焊接 PIN）

图 4.10　有源阻抗层加工与制作

单元之间可变阻抗元件采用 BA585 PIN 二极管，通过人工焊接技术使单元之间保持连通，为了实现有效偏置，二极管所有方向保持一致。为了提供偏置网络，两条偏置线印刷在有源阻抗层的两侧。20 路单元采用并联的方式连接在偏置线两端。介质层由厚度为 4.2mm、介电常数为 1.05 的 PMI 泡沫板组成。金属板由未经处理的 FR4 印制电路板构成，铜箔面朝上。样品的整体结构约为 40cm 长、33cm 宽和 5mm 厚。树型 AFSS 反射器实验样品如图 4.11 所示。

下面对实验样品进行暗室测量，以获得其反射率结果。测量中所用实验仪器有矢量网络分析仪、喇叭天线、电源、电流表等。测试场景由控制电路与测试电路组成，如图 4.12 所示。控制电路由电源、电流表和测试样本组成，负责控制实验样品的反射率。测试电路由矢量网络分析仪、喇叭天线和同轴电缆组成，主要完成电磁波收发和反射率结果的显示。

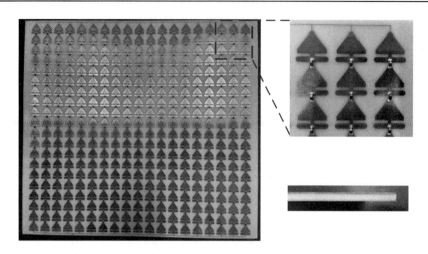

图 4.11　树型 AFSS 反射器实验样品

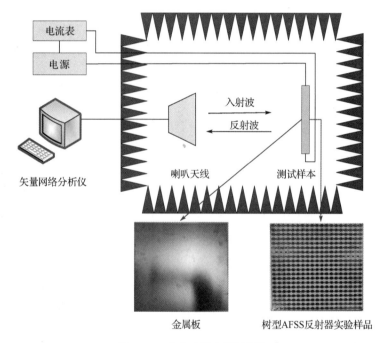

图 4.12　暗室反射率测量框架

为了减小测量误差，回波采集时采用卡时域门法，以防不可避免地多径效应。实验中，首先获得与树型 AFSS 反射器实验样品尺寸相同的金属板的 S_{11} 参数，并将其标记为 S_{11_1}。然后，用树型 AFSS 反射器实验样品代替金属板，通过调节电源获得树型 AFSS 反射器实验样品的不同 S_{11} 参数，并标记为 S_{11_2}。因此，树型 AFSS 反射器实验样品的反射率可以表示为

$$\Gamma = S_{11_2} - S_{11_1} \tag{4.8}$$

在图 4.13 中，树型 AFSS 反射器实验样品的反射率测量在微波暗室中进行。反射率测量使用 AV3672E 矢量网络分析仪，采用 2～18GHz 频率单极化电磁波照射树型 AFSS 反射器实验样品。喇叭天线被用来发送和接收信号，并与矢量网络分析仪相连。直流电压源用于在不同电压值下监视控制电路的电压。

图 4.13　树型 AFSS 反射器的反射率测量真实场景

图 4.14 所示为在 0V 到 15V 不同电压值下树型 AFSS 反射器的反射率测量结果。当电压值为 11.5V 时，树型 AFSS 反射器实验样品的吸收效果较好，其在 X 波段全频带内可以实现-15dB 的强吸收。在无偏置电压的情况下，树型 AFSS 反射器实验样品在同频段具有很强的散射特性。总体而言，测量结果与仿真结果基本一致。

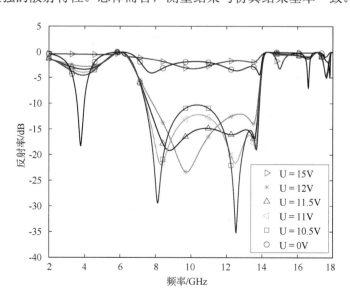

图 4.14　在 0V 到 15V 不同电压值下树型 AFSS 反射器的反射率测量结果

4.3.2　极化不敏感有源频率选择表面

4.3.2.1　单元结构设计

正八边形是众所周知的 AFSS 反射器单元几何形状，由于其是对称型结构，因此具有良好的极化不敏感特性。AFSS 反射器结构通常会在特定频率下谐振，在该特定频率下，波长可与周长等价。

本节提出的 AFSS 反射器单元结构是在一个正八边形环的基础上进行设计的，每个回路通过沿对角线的可变阻抗元件与其他 4 个正八边形环状回路连接。

图 4.15 所示为全极化 AFSS 反射器的几何结构图。其顶部和底部金属贴片由铜箔组成，厚度为 0.017mm，FR4 的介电常数为 4.4，厚度为 0.8mm。BA585 PIN 二极管作为可变阻抗元件被安置于两单元之间，当向其施加正向偏置电压时，其等效电路如图 4.16 所示。该模型由正八边形环状回路电感 L、电阻 R、芯片电感 L_{CHIP} 和一个小二极管电阻 R_{ON} 组成。

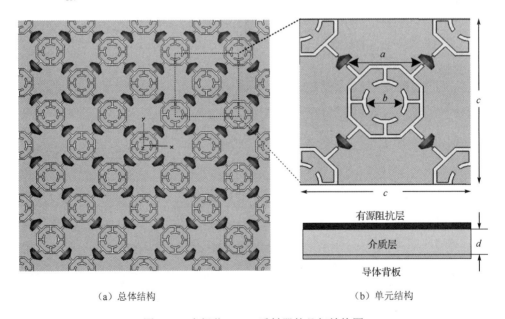

（a）总体结构　　　　　　　　　（b）单元结构

图 4.15　全极化 AFSS 反射器的几何结构图

当反射器被平面电磁波激发时，由于金属带的有限电导率，每个正八边形环状回路元件沿入射电场的方向表现出等效电感 L 和等效电阻 R。当二极管在正向偏置电压下导通时，其表现为低阻抗，此时对角铜条有电流流过，表现为导通，整个结构在特定频带内表现出弱散射特性。相反地，当电源关闭时，二极管截止，表现出强阻抗特性，此时 AFSS 反射器整体结构表现出强反射特性。

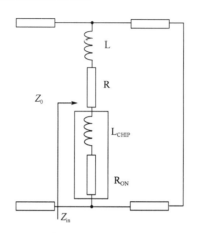

图 4.16　AFSS 反射器等效电路

4.3.2.2　仿真特性分析

为了验证结构设计效果，采用正八边形环状回路结构进行 CST 仿真。如图 4.15（b）所示，$a=10mm$，$b=2.5mm$，环厚为 0.5mm，$c=18mm$，介质层厚度 $d=4.2mm$。AFSS 反射器 FR4 的厚度为 0.8mm，其介电常数 $\varepsilon=4.4$，介质损耗角正切 $\tan\delta=0.02$，铜箔厚度为 0.017mm。介质层的介电常数为 1.05，厚度为 4.2mm。电阻加载到 AFSS 反射器单元之间，以模拟 PIN 二极管电阻的变化，其值在 20～2000Ω 范围内变化。

假定电磁波以不同的模式照射到 AFSS 反射器结构平面，图 4.17 给出了电磁波垂直极化和水平极化照射下 AFSS 反射器的反射率仿真结果。仿真设置电磁波频率为 6～18GHz，垂直入射，电阻变化范围为 20～2000Ω。

从图 4.17 可以明显看出，当电磁波以不同的极化方式照射时，AFSS 反射器在电磁波水平极化和垂直极化两种情况下的反射率与电阻的变化相当，表现出极化不敏感特性。当电阻为 200Ω 时，在 9～14GHz 呈现吸收状态（小于-10dB）。当电阻增大时，AFSS 反射器的吸收峰减弱。当电阻增大到 2000Ω 时，该结构在 6～18GHz 全频段范围内显示出较强的散射。因此正八边形环状单元结构在 9～14GHz 范围内能够表现出较强的吸波反射特性。

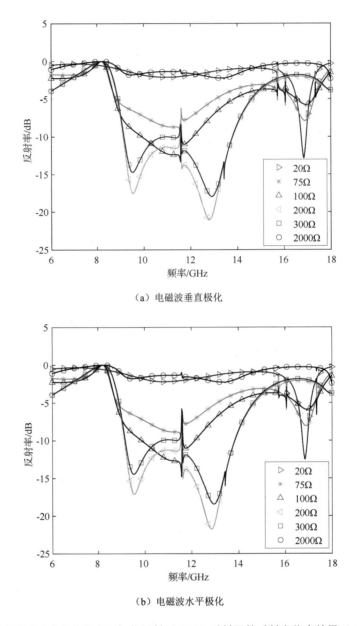

（a）电磁波垂直极化

（b）电磁波水平极化

图 4.17　电磁波垂直极化和水平极化照射下 AFSS 反射器的反射率仿真结果（d=4.2mm）

　　同样地，分析介质层厚度的改变对这种极化不敏感结构的影响。如图 4.18 所示，当介质层厚度变为 3.2mm 时，结构在 9.7GHz 左右的地方出现了强吸波峰，此时电阻为 300Ω。在 9～15GHz 处，大致能够实现−7dB 左右的调控，频带调控范围相较于介质层厚度为 4.2mm 时的频带调控范围更广。

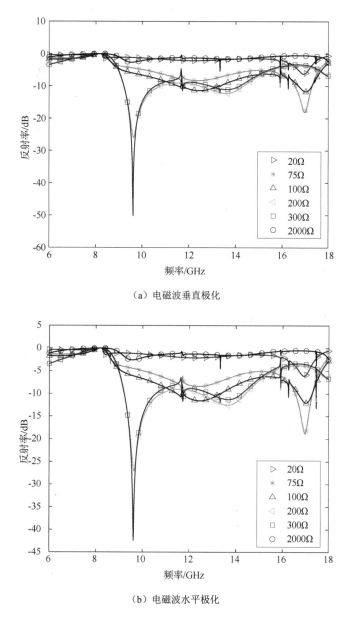

（a）电磁波垂直极化

（b）电磁波水平极化

图 4.18　AFSS 反射器的反射特性（d=3.2mm）

4.3.2.3　样品加工与测试

由于偏置网络被置于 AFSS 反射器中，因此设计具有以周期性模式布置的单元对称 AFSS 反射器很难。尽管在仿真中不用考虑偏置网络，但制造的结构必须合理安置偏置线，以使结构的整体特性不会因入射波的不同极化而受到影响。同时，偏置线应与单元结构正确隔离，否则会影响结构的原始性能。最初，正八边形环形阵列结构是在 0.8mm

厚的 FR4 表面制成的。该结构的有源阻抗层 AutoCAD 电路图如图 4.19（a）所示，有源阻抗层（未焊接 PIN）样品如图 4.19（b）所示。样品的总尺寸为 20cm×20cm，上面印有 171 个正八边形环。

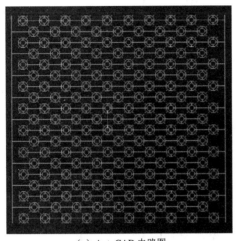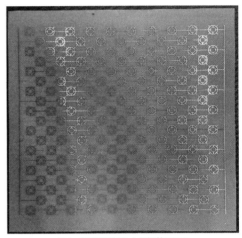

（a）AutoCAD 电路图　　　　　　　　　　　（b）有源阻抗层（未焊接 PIN）

图 4.19　正八边形环状结构 AFSS 反射器的有源阻抗层

为了提供偏置网络，两条偏置线被蚀刻在 AFSS 反射器实验样品的两侧。BA585 PIN 二极管使用机械焊接技术安置在制成的样品上，该器件在正向偏置电压下电阻小，反向偏置电压下电阻极大。奇数行中存在的正八边形环连接到右侧偏置线，而左侧偏置线与偶数行中的正八边形环相连。连接到正八边形环回路的二极管在向外的方向上为一排，而在向内的方向上为下一排。所有二极管的阴极和阳极均分别连接正八边形环左侧偏置线和右侧偏置线。因此，当右侧偏置线和左侧偏置线分别与电源的正极和负极连接时，直流电流将流过结构中所有二极管。在不同的偏置电压下，偏置网络都不会影响 AFSS 反射器的吸收/反射特性。此外，与早期报道的将开关串联连接 AFSS 反射器的设计不同，偏置技术使用所有二极管并联连接。与树型 AFSS 反射器偏置电压相比，该正八边形环状结构 AFSS 反射器的偏置电压大大降低。利用 AutoCAD 绘制整体电路图，并请专业厂商进行有源阻抗层的加工，获得的正八边形环状结构 AFSS 反射器实验样品如图 4.20 所示。

有源阻抗层单元之间可变阻抗元件采用 BA585 PIN 二极管，通过人工焊接技术使单元之间保持连通，为了实现有效偏置，奇数排二极管正极方向朝上，偶数排二极管正极方向朝下。介质层由厚度为 4.2mm、介电常数为 1.05 的 PMI 泡沫板组成。金属板由

未经处理的 FR4 印制电路板构成，铜箔面朝上。AFSS 反射器样品的整体结构尺寸约为
20cm 长、20cm 宽和 5mm 厚。

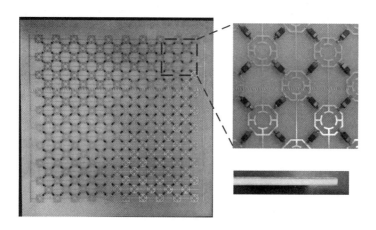

图 4.20　正八边形环状结构 AFSS 反射器实验样品

反射率测量步骤与 4.2.2.2 节中的相同，同样利用矢量网络分析仪获得其反射率结
果。如图 4.21 所示，电磁波水平极化照射，当电压为 1.58V 时，在 9.6～11.8GHz 呈现
吸收状态（小于-10dB）。当不加偏置时，该结构在 6～18GHz 全频段显示出较强的散
射。而当电磁波垂直极化照射时，AFSS 反射器的反射率随电阻的变化与水平极化变化
曲线相当。因此正八边形环状回路结构在 9.6～11.8GHz 范围内能够表现出较强的吸波
反射特性，同时具备极化不敏感特性。

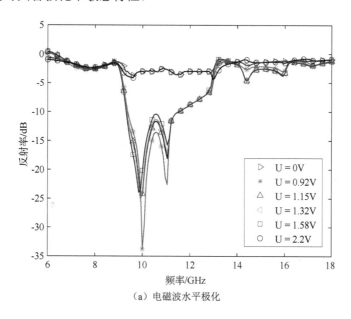

（a）电磁波水平极化

图 4.21　AFSS 反射器的反射率实测结果

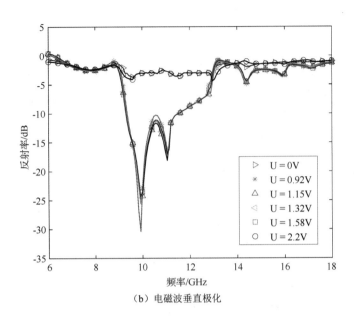

（b）电磁波垂直极化

图 4.21　AFSS 反射器的反射率实测结果（续）

4.4　数字编码控制系统研究

4.4.1　基于时域数字编码的控制系统设计

4.4.1.1　总体思路

在本节中，设计了基于 FPGA 的控制器，以灵活地调节可切换 AFSS 反射器的响应波形。AFSS 反射器的响应状态取决于施加到其正负两端的偏置电压。ON 状态对应反射器吸收态，OFF 状态对应反射器反射态。

电压状态通过控制器中的码元序列进行数字切换，以便精确控制 AFSS 偏置电路的 OFF 和 ON 状态。码元"1"对应 AFSS 偏置电路的 ON 状态，而码元"0"对应 AFSS 偏置电路的 OFF 状态。每个码元的驻留时间为 γ。基于 FPGA 的 AFSS 控制系统如图 4.22 所示。

这些码元序列被用作 FPGA 的触发源。FPGA 被触发后，控制器将输出相应的偏置电压。每个码元序列对应 AFSS 反射器的响应波形。如图 4.23（a）～（d）所示，提出了 4 个具有不同调制频率和占空比的特殊码元序列，即 10101010、11001100、

10001000 和 00101100。在 10101010 码元序列下，AFSS 反射器的调制波形是周期的，调制频率为 $f_s = \dfrac{1}{2\gamma}$。为了降低调制频率，应用了 11001100 码元序列，并且调制频率为 $f_s = \dfrac{1}{4\gamma}$。在图 4.23（c）中选择占空比不同的 10001000 码元序列，其占空比为 0.25。

图 4.23（a）～（c）表示在不同码元序列下 AFSS 反射器的周期响应波形。图 4.23（d）代表随机编码波形，码宽为 γ。因此，在实际应用中，可以通过受控的 FPGA 码元序列灵活调制 AFSS 反射器的响应波形。控制器输出参数指标如表 4.1 所示。

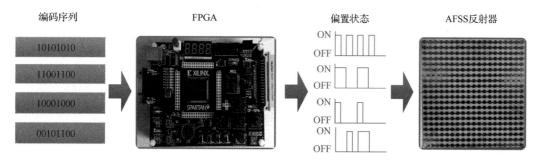

图 4.22　基于 FPGA 的 AFSS 控制系统

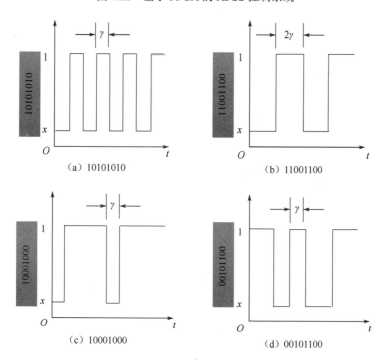

图 4.23　不同编码序列下 AFSS 反射器的响应波形

表 4.1　控制器输出参数指标

输出波形	矩形方波	输出最大电流	300mA
输出通道数	1 路	频率调节范围	1～20MHz，步进 1MHz
波形特征	周期或随机编码波形	占空比	0.1～0.9，步进 0.1
输出电压范围	1～20V，步进 1V	随机编码码宽范围	50～5000ns，步长 10ns

4.4.1.2　硬件设计

控制器的硬件框架如图 4.24 所示，下位机部分包括 FPGA、放大器、过流保护、电源系统。码元序列是根据用户的需要在上位机中生成的，命令序列首先通过以太网传输到下位机，然后根据命令序列在 FPGA 中形成相应的矩形脉冲。"0" 对应时基单位的低电平，"1" 对应时基单位的高电平。通过放大器将生成的矩形脉冲序列放大到能够驱动 AFSS 反射器的 "ON" 响应电压，从而激活 AFSS 反射器的吸收状态。考虑到较大的输出电流可能会烧毁负载，因此设计了一种过流保护装置。检测完的偏置信号被传输到负载，以实现对 AFSS 反射器的实时控制。

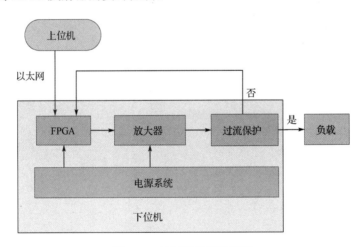

图 4.24　控制器的硬件框架

下面对各部分分开阐述，包括 FPGA、电源系统、放大器及过流保护。

（1）FPGA。

FPGA 部分主要由 XILINX 公司一款 AX7010 芯片构成，其采用 ARM+FPGA SOC 技术，并将双核 ARM 和 FPGA 集成在一颗芯片上。在输出伪随机码时，数据量较大（步长为 50ns，1s 时间的数据就是 20MB），芯片 AX7010 片上 RAM 空间只有 256KB，远远小于 20MB，故需要外接一块 RAM，为了提高时效性，两片 16bit 的 DDR3 SDRAM 被采用，这样在输出伪随机码时，将提高 1 倍的数据读取速率以提高时效性。

（2）电源系统。

考虑锂电池供电的局限性，在锂电池供电的情况下，系统最少能工作 1h，并需要充分考虑板载上的电源效率，板载上的电源系统主要有 3 路：（a）给 FPGA 供电；（b）给快速开关供电；（c）给放大器供电。

工作在电压 10V、频率 10MHz 时，系统的总功率是 10V×0.75A=7.5W，而锂电池的功率是 10V×8400mA/h=84W/h，那么在这种工作情况下，电池理论上可工作时间为 84/7.5= 11.2h。

（3）放大器。

本设计要求负载供电电压为 1～24V 可调，锂电池输出电压为 9～12V，锂电池充满电为 12V，锂电池快没电时电压就掉下来。故本设计中需要一个输出稳定的放大器进行升压，以达到最大输出电压 24V 的要求。

（4）过流保护。

过流保护的原理是先通过精密电阻检测负载通过的电流，再通过一个高速比较器来判断是否过流，若过流，则电阻会产生下降沿，因为高频信号经过电阻会形成很强的过冲信号，通过 RC 滤波电路后才能把过冲信号去除掉。RC 滤波电路带来的副作用就是当过流时，高速比较器输出的低电平时间必须足够长，才能把电容充分放电完成。

4.4.1.3　软件设计

控制器的软件框架如图 4.25 所示，上位机和下位机通过以太网进行数据的交互，上位机内容包括选择需要输出的波形文件，并发送给下位机；PWM 波形的调制；电压的设置；下位机的状态显示。

下位机主要包含以下内容。

（1）解析收到的以太网数据，如 PWM 波形的频率、占空比等，如果是传输文件，则接收文件并将文件以正确的格式存储。

（2）将自身状态，如实际接收的文件长度、实际的输出电压等，通过以太网口发送给上位机显示。

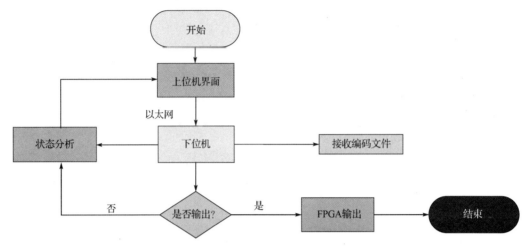

图 4.25　控制器的软件框架

（3）控制输出 PWM 波形或编码文件内容。

（4）电路外围控制，如输出电压控制、启动/停止控制等。

4.4.2　基于时域数字编码的控制系统测试

4.4.2.1　单个 PIN 二极管实验测试

在实际应用中，AFSS 幅度调制函数并不能简单地用矩形脉冲序列表示，这是因为 AFSS 需要时间完成在有衰减和无衰减两种状态间的切换，切换时间受到 PIN 二极管充放电时间限制。

为验证 AFSS 可以工作在间歇散射状态并分析间歇散射实现条件，本节分别对单个 PIN 二极管及整个 AFSS 的充放电时间进行实验测量。主要实验仪器包括 Agilent DSO6102A 示波器和 AVTECH AV-1000-C 脉冲产生器，如图 4.26 所示。

首先测量单个 PIN 二极管，选用 AFSS 中的 BA585 型二极管，如图 4.27 所示。

单个 PIN 二极管开关时间测量场景如图 4.28 所示，脉冲产生器输出驱动脉冲到 PIN 二极管两端，通过示波器观察并记录输入脉冲和响应脉冲数据。

（a）Agilent DSO6102A 示波器

（b）AVTECH AV-1000-C 脉冲产生器

图 4.26　AFSS 充放电时间测量仪器

图 4.27　BA585 型二极管

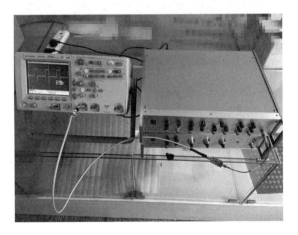

图 4.28　单个 PIN 二极管开关时间测量场景

实验中设定脉冲产生器产生脉宽为 42μs、周期为 140μs 的矩形脉冲序列。矩形脉冲的幅度采用单极性脉冲和双极性脉冲两种方式：单极性脉冲输入电压幅度在+U 和 0 之间切换，双极性脉冲输入电压幅度在+U 和-U 之间切换，U 值根据 PIN 二极管导通电压设定。PIN 二极管测量过程中示波器显示结果如图 4.29 所示，其中，图 4.29（a）表示单极性脉冲输入电压，图 4.29（b）表示双极性脉冲输入电压，图 4.29（c）表示单极性脉冲输入后 PIN 二极管响应电压，图 4.29（d）表示双极性脉冲输入后 PIN 二极管响应电压。可以看出，在单极性脉冲和双极性脉冲激励下，PIN 二极管的响应差别不大，实际应用中可采用单极性脉冲驱动 PIN 二极管电路。

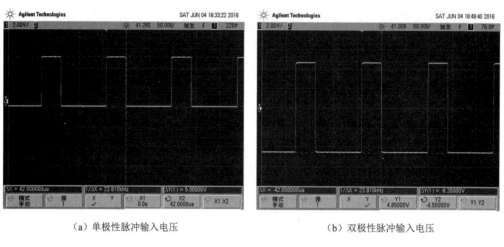

（a）单极性脉冲输入电压　　　　　　　　　　　　（b）双极性脉冲输入电压

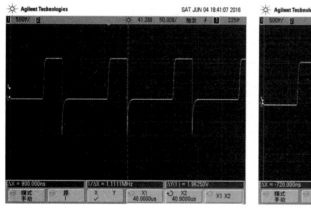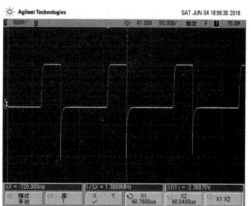

（c）单极性脉冲输入后 PIN 二极管响应电压　　　　（d）双极性脉冲输入后 PIN 二极管响应电压

图 4.29　PIN 二极管测量过程中示波器显示结果

为分析与 PIN 二极管响应电压相比，脉冲产生器输入电压的延迟，将示波器保存的单极性脉冲信号数据与 PIN 二极管响应电压信号数据进行对比，如图 4.30 所示。其中，实线表示脉冲产生器的驱动电压信号，虚线表示 PIN 二极管响应电压信号。从图 4.30 中可以看出，当对 PIN 二极管施加正向偏置电压时，PIN 二极管充电时间为百纳秒量级；PIN 二极管受反向偏置电压与零电压控制时，放电时间相差不大，为几十纳秒。

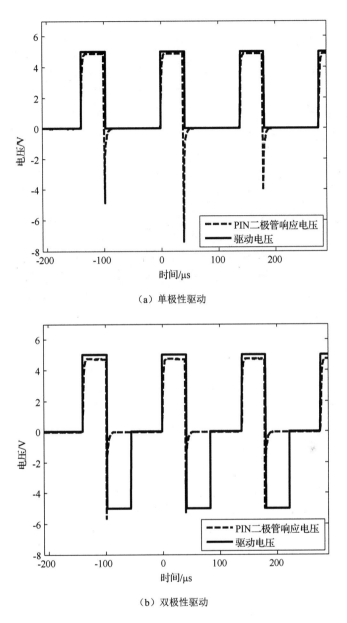

（a）单极性驱动

（b）双极性驱动

图 4.30　PIN 二极管开关时间实测数据

4.4.2.2　AFSS 材料板负载波形测试

　　制成的数字编码 AFSS 反射器如图 4.31 所示。对控制器负载的输出波形进行测试，以验证数字编码 AFSS 反射器的实际调制效果。图 4.29（a）中的 AFSS 反射器的工作模型是理想状态。在实际应用中，AFSS 反射器的幅度调制功能不能简单地表示为矩形脉冲序列。这是因为它需要时间在吸收体和反射体之间进行切换，开关时间受 PIN 二极管的充电和放电时间限制。

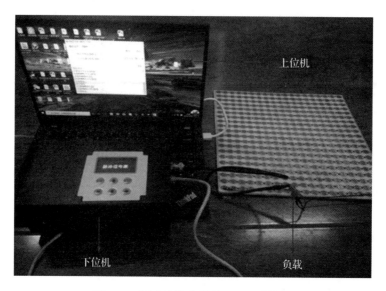

图 4.31   制成的数字编码 AFSS 反射器

泰克 mdo3022 示波器用于负载时域波形的测量。如图 4.32 所示，在测试过程中，示波器中的金属探针分别用于连接 AFSS 反射器的正极和负极。通过上位机输入波形参数，并激活按钮。AFSS 反射器开始工作，并记录示波器中的响应脉冲数据，此时示波器测量的波形即实际负载波形。

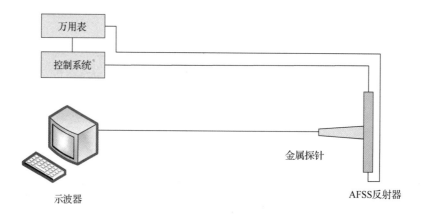

图 4.32   测试方案

4.4.2.3   测试结果及分析

在测试过程中，通过改变矩形脉冲的电压、频率，观察示波器负载输出波形的变化。

（1）周期信号：电压分别为 8V 和 11V，占空比为 0.5，频率分别为 1MHz、10MHz、20MHz。

如图 4.33 所示，负载周期测试波形与理想波形大致相符，当 f_s=1MHz 被施加到数字编码 AFSS 吸波/反射屏时，脉冲上升和下降时间为几十纳秒。

除了上升沿和下降沿，数字编码 AFSS 吸波/反射屏的电压响应曲线类似于理想的矩形脉冲。改变调制频率 f_s=20MHz 的负载输出如图 4.33（d）所示，通过示波器 ab 截取的方波时长为 50ns，与设定调制频率相符。随着信号源频率的升高，负载的输出波形会明显失真，存在过冲、下冲、振荡现象。

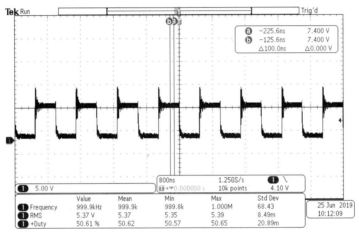

（a）电压为 8V，频率为 1MHz

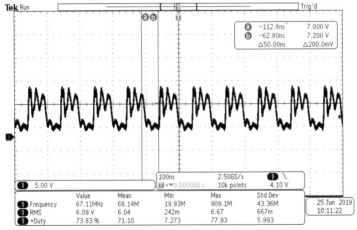

（b）电压为 8V，频率为 10MHz

图 4.33　负载周期测试波形

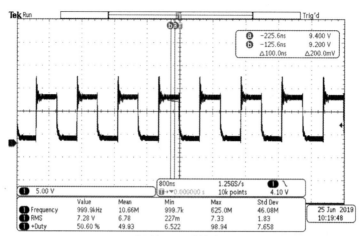

（c）电压为 10V，频率为 1MHz

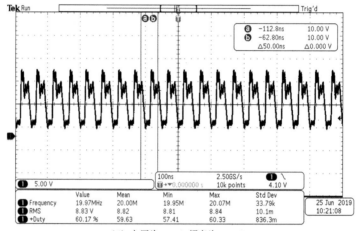

（d）电压为 10V，频率为 20MHz

图 4.33　负载周期测试波形（续）

（2）伪随机编码信号：电压为 11V，编码序列总占空比为 0.5，伪随机信号由 MATLAB 自动生成，码宽分别为 50ns 和 4000ns。

如图 4.34（a）所示，示波器捕捉到 ab 的码宽为 50ns，图 4.34（b）中示波器捕捉到 ab 的码宽为 4000ns，与控制器设置相符。与周期调制波形类似，负载随机编码测试波形大体趋势与理论相符，但高频时仍然存在较大的波形失真。因为负载网络诸如 PIN 二极管之类的非线性组件在高频下阻抗失配非常严重。

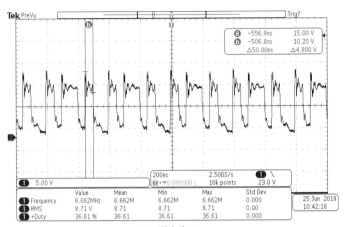

（a）码宽为 50ns

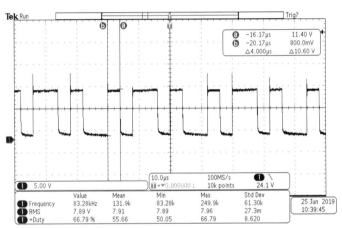

（b）码宽为 4000ns

图 4.34　负载随机编码测试波形

第5章 电磁调控材料间歇调制模型

5.1 概述

雷达信号间歇调制是一种利用矩形脉冲序列对雷达信号进行间歇调控的处理手段。根据第3章的分析,通过时间调制反射器的周期或随机间歇调制能够实现回波的谱变换效应,包括幅度调制和相位调制。这种回波谱变换效应将进一步影响雷达对目标的成像结果,破坏原有目标的成像特征,使雷达对目标的探测与识别造成极大困难。

随着材料技术的发展,以有源频率选择表面(Active Frequency Selective Surface,AFSS)和相位调制表面(Phase-Switched Screen,PSS)为代表的人工电磁材料能够对反射电磁波的幅度、相位等电磁信息间歇调制,并兼具响应时间快、不易暴露等特点。因此,这种新型间歇调制技术在合成孔径雷达无源干扰领域具有较大的应用潜力。从科学研究逻辑上来说,特性分析是实现技术应用的前提与基础,因此对无源间歇调制信号的特性展开研究极具必要性。

按照调制脉冲方式的不同,无源间歇调制可分为幅度调制和相位调制。按照编码方式的不同,无源间歇调制可分为周期调制、随机编码调制和循环码调制。周期调制是指调制脉冲为周期重复的矩形脉冲序列信号,这也是目前广泛应用的调制方式,通过匹配滤波处理能够形成距离上虚假峰,对应图像特征欺骗的效果。随机编码调制是指调制脉冲为伪随机矩形脉冲序列信号,此种调制方式在现有研究中鲜有涉及,经匹配滤波处理后形成块状区域,能够形成图像特征压制与目标特征变换的效果。本章主要对基于 AFSS 的间歇幅度调制信号与基于 PSS 的相位调制信号特性进行研究,旨在进一步丰富完善间歇调制方法的理论体系,并为后续合成孔径雷达干扰领域的应用方法研究奠定基础。

本章具体内容和安排如下。

5.2 节建立了基于 AFSS 的幅度调制模型,分别从时域、频域、匹配滤波输出等方面对周期调制信号和随机编码调制信号进行分析，证明了 AFSS 的频谱搬移效果及距离变换特性。5.3 节建立了基于 PSS 的相位调制模型，通过频谱分析发现，当调制频率小于接收机带宽时，能够获得期望的调制效果。5.4 节对本章内容进行了总结。

5.2　基于 AFSS 的幅度调制研究

AFSS 是一种人工周期阵列结构，已经被广泛应用于天线罩、电磁屏蔽、隐身系统等方面。该结构能通过外加激励改变可变元件的阻抗特性实现散射特性的变化。在目标防护方面，AFSS 目前的研究主要集中在静态的电磁特性上，以获得较好的吸波效果。然而，AFSS 同样可以通过偏置电路改变自身散射特性，实现电磁波的幅度调控，目前这方面的研究很少。

在第 3 章中提出了 TMR 的概念，本节将研究基于时变 AFSS 反射器的调控机理与方法，给出调制脉冲特性及频谱特性，并从调制后信号频谱、匹配滤波特性进行详细分析。

5.2.1　幅度调制模型的建立

AFSS 因其特殊的几何结构设计常常作为优选的吸波结构，其一般包含三部分，即有源阻抗层、介质层和导体背板。有源阻抗层通常包括二维周期阵列、可变阻抗元素及 FSS 基质。

领结型单元具有良好的吸波性能、较大的吸波带宽、简单的结构，因此被选为 AFSS 有源阻抗层单元元素，其单元结构如图 5.1（a）所示。大量领结型单元被刻蚀在有源阻抗层基质上，它们之间通过 PIN 二极管连接，并利用其可变阻抗特性实现有源调控。

根据上述分析，利用 CST 对 AFSS 结构的反射率进行电磁仿真。Floquet 端口作为激励源，频率范围设置为 2～18GHz，电磁波从 90°方向垂直入射。几何参数如图 5.1（a）所示，a=5.5mm, b=10mm, c=1mm, l=14mm。选用介电常数 6，0.8mm 厚的介质板作为有源阻抗层基质，如图 5.1（b）所示。介质层高 5mm，介电常数为 1.05。可变阻抗连接在周期单元之间，以模拟 PIN 二极管，其电阻变化范围为 25～1000Ω。

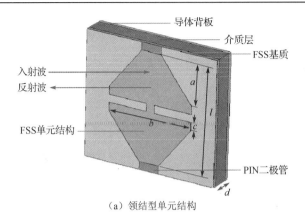

（a）领结型单元结构

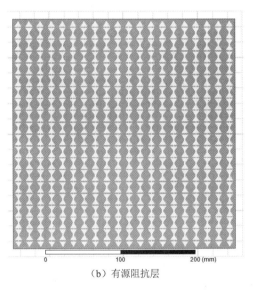

（b）有源阻抗层

图 5.1　AFSS 吸波结构

　　图 5.2 所示为典型电阻情况下 AFSS 反射率的仿真结果。随着电阻的变化，在特定频率 AFSS 中呈现良好的吸波特性。当电阻为 120Ω 时，在 8GHz 附近出现吸波峰，反射率小于-20dB 带宽约为 1GHz。随着电阻的增加，AFSS 吸波效率减弱。当电阻增大到 1000Ω 时，在 6～10GHz 具有很强的散射特性。

　　根据图 5.2 的反射结果，当电阻为 120Ω 时，AFSS 反射器在 7.5～12GHz 呈现良好的吸波结果，而当电阻为 1000Ω 时，在同样频段展现良好的反射特性。因此该范围定义为可调区域，如图 5.3（a）所示。这种切换随一段时间序列变化，因此其反射率可以表示为一段时间函数，将这种结构定义为时间调制 AFSS 反射器。如图 5.3（b）所示，当其为反射态时，其幅度系数定义为 1。当其为吸波态时，其吸波系数定义为 x，x 的范围为 $0 \leq x < 1$。

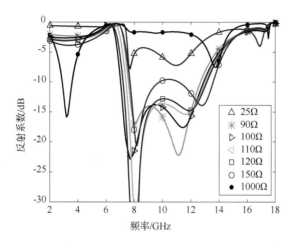

图 5.2　典型电阻情况下 AFSS 反射率的仿真结果

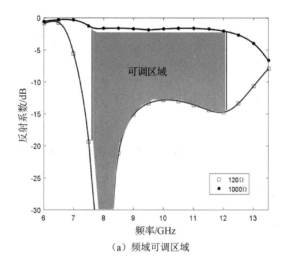

（a）频域可调区域

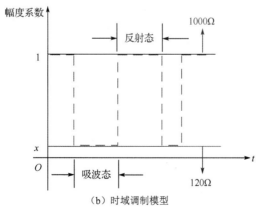

（b）时域调制模型

图 5.3　时间调制 AFSS 反射器调制机理

AFSS 反射率与 x 的关系可表示为

$$x = 10^{\frac{z}{20}} \qquad (5.1)$$

换言之，当 AFSS 反射器的反射系数为-20dB 时，其反射率为 0.1，当 AFSS 反射器的反射系数为-10dB 时，其反射率为 0.33。

根据上述模型，时间调制 AFSS 反射器通过改变自身反射特性对入射信号进行调制，从本质上来说，是一种幅度调制。

5.2.2 周期性间歇调制

5.2.2.1 信号模型

根据前面的分析，使 AFSS 反射器随一段时间函数执行周期调制，如图 5.4 所示。矩形脉冲序列占空比为 α，脉宽为 αT_s，切换周期为 T_s。在这种情况下，周期时域调制信号为

$$p(t) = (1-x)\,\text{rect}\!\left(\frac{t}{\alpha T_s}\right) \otimes \sum_{-\infty}^{+\infty} \delta\!\left(t - nT_s\right) + x \qquad (5.2)$$

式中，$\text{rect}(\cdot)$ 为矩形脉冲信号，当 $\left|\dfrac{t}{\alpha T_s}\right| < 0.5$ 时，其值为 1，否则为 0。$\otimes$ 代表卷积运算，$\delta(\cdot)$ 为冲激脉冲函数，n 为正整数。

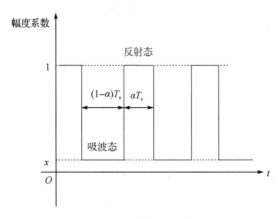

图 5.4　周期型时域调制波形

根据傅里叶变换的对应关系，$\text{rect}\!\left(\dfrac{t}{\alpha T_s}\right) \leftrightarrow \alpha T_s \text{sinc}(\alpha T_s f)$，其中 $\text{sinc}(y) = \dfrac{\sin(\pi y)}{\pi y}$。

其展开傅里叶级数为

$$p(t) = A_0 + \sum_{\substack{-\infty \\ n \neq 0}}^{+\infty} A_n \cos\left(2n\pi f_s \hat{t}\right) \tag{5.3}$$

式中，幅度系数 $A_0=(1-x)\alpha+x$，$A_n=(1/n\pi)(1-x)\sin(n\pi\alpha)$，$f_s=1/T_s$ 为调制频率，信号频谱表示为

$$P(f) = \sum_{\substack{-\infty \\ n \neq 0}}^{+\infty} A_n \delta\left(f - nf_s\right) + A_0 \delta\left(f\right) \tag{5.4}$$

式中，$P(f)$ 包含冲激频率分量，其由调制函数的时域直流分量生成。因此，频谱中包含许多离散的边带，边带包络服从 sinc 函数分布。

5.2.2.2　调制后雷达信号频谱

当雷达信号 $s(t)$ 入射到时间调制 AFSS 反射器，且其频谱落于可调区域内时，回波信号可表示为

$$r(t) = s(t) \times p(t) \tag{5.5}$$

根据傅里叶变换对的关系，将式（5.3）和式（5.4）代入，回波信号频谱可表示为

$$\begin{aligned} R(f) &= S(f) \otimes P(f) \\ &= \sum_{\substack{-\infty \\ n \neq 0}}^{+\infty} A_n S\left(f - nf_s\right) + A_0 S\left(f\right) \end{aligned} \tag{5.6}$$

式中，$S(f)$ 为入射信号 $s(t)$ 的频谱。从式（5.6）中可以看出，在中心频率附近生成许多谐波分量 $\sum S(f - nf_s)$。A_n 为生成谐波分量幅度系数，因此通过控制 AFSS 调制参数可以控制雷达信号谐波分量的分布。

5.2.2.3　匹配滤波特性分析

匹配滤波是雷达信号处理常用的手段，在此情况下，其滤波函数表示为 $h(t)=s^*(-t)$，其频率响应为 $H(f)=S^*(f)$，调制后的回波经匹配滤波器时域响应可表示为

$$y(t) = r(t) \otimes h(t) \tag{5.7}$$

其频域响应可表示为

$$Y(f) = R(f)H(f) \tag{5.8}$$

将式（5.6）代入可得

$$Y(f) = \sum_{-\infty}^{+\infty} A_n S(f - nf_s) S^*(f) \tag{5.9}$$

LFM 信号因时宽带宽积大被宽带合成孔径雷达广泛采用，假设雷达发射信号 LFM 为

$$s(t) = \mathrm{rect}\left(\frac{t}{T_p}\right) \exp\left[\mathrm{j}2\pi\left(f_0 t + \frac{1}{2}K_r t\right)\right] \tag{5.10}$$

式中，T_p 表示信号脉宽；f_0 表示信号载频；$K_r = B/T_p$ 表示信号调频率。当雷达发射的 LFM 信号进入雷达接收机时，经混频与相关滤波处理后得到的回波基带信号可表示为

$$r(t) = \mathrm{rect}\left(\frac{t}{T_p}\right) \exp(\mathrm{j}\pi K_r t^2)\left[A_0 + \sum_{\substack{n=-N \\ n \neq 0}}^{+N} A_n \exp(\mathrm{j}2\pi nf_s t)\right] \tag{5.11}$$

式中，$N = \lfloor B/f_s \rfloor$，$\lfloor \cdot \rfloor$ 表示去小数取整，基带信号可以被视为多个 LFM 信号经多普勒频移 nf_s 之和。匹配滤波结果可表示为

$$I_r(t) = A_0\left(1 - \left|\frac{t}{T_p}\right|\right)\mathrm{sinc}\left[K_r T_p\left(1 - \left|\frac{t}{T_p}\right|\right)\right] + \sum_{\substack{n=-N \\ n \neq 0}}^{+N} A_n\left(1 - \left|\frac{t}{T_p}\right|\right)\mathrm{sinc}\left[K_r T_p\left(1 - \left|\frac{t}{T_p}\right|\right)\left(t + \frac{nf_s}{K_r}\right)\right] \tag{5.12}$$

根据式（5.12），匹配滤波输出结果包含许多个 sinc 离散峰，$n = \pm 1, \pm 2, \cdots, \pm N$ 为离散峰值的阶数。

各阶峰值输出位置可表示为

$$t_{\mathrm{peak}} = \frac{nf_s}{K_r} \tag{5.13}$$

各阶峰之间的间隔为

$$\Delta t_{\mathrm{peak}} = \frac{f_s}{K_r} \tag{5.14}$$

根据式（5.13）和式（5.14），调制频率 f_s 主要影响生成峰值的位置及间距，可称为位置参数，相邻峰值间距随位置参数 f_s 的增加而增加，呈正相关。

这些新生成的离散峰除位置偏移外，还会引起其主瓣宽度的变化，令 $t = t_0 + \Delta t$，式（5.12）的 A_n 项可表示为

$$I'(t) = \left(1 - \left|\frac{t_0}{T_p}\right|\right)\mathrm{sinc}\left[K_r T_p\left(1 - \left|\frac{t_0}{T_p}\right|\right)\Delta t\right] \tag{5.15}$$

令 $K_rT_p(1-|t_0/T_p|)\Delta t=0$，可得离散峰主瓣宽度为

$$\Delta t_n = \frac{1}{B-|nf_s|} \tag{5.16}$$

零阶峰值幅度系数可表示为

$$E_0 = (1-x)\alpha + x \tag{5.17}$$

幅度系数可表示为

$$E_n = \frac{1}{n\pi}(1-x)\sin(n\pi\alpha)\left(1-\frac{|nf_s/K_r|}{T}\right) \tag{5.18}$$

可以看出，匹配滤波输出受 sinc 函数和三角函数联合调制。因受硬件条件限制，nf_s 一般远小于调频率 K_r，所以三角函数项约等于 1，可以忽略不计。

占空比 α 及吸波系数 x 主要影响生成峰值的幅度系数，可被称为能量参数。占空比 α 越大，其零阶峰幅值越高，而新生成的谐波峰总能量值则相应下降。同样地，零阶峰的幅度系数与吸波系数 x 呈正相关，新生成谐波峰在原始 sinc 峰情况下乘以系数（1-x），呈负相关。

5.2.2.4 参数控制与仿真分析

从参数控制的角度来看，匹配滤波输出特性主要受 AFSS 调制参数影响，包括调制频率 f_s，占空比 α，吸波系数 x。接下来，通过仿真分析调制参数对相应特性的影响，这里分别对单频信号频谱搬移效果、LFM 信号匹配滤波结果进行分析。假设单频信号载频为 500MHz，LFM 信号中心频率为 10GHz，脉宽为 10μs，带宽为 50MHz，调频率 $K_r=B/T_p=5\times10^{12}$Hz/s。

（1）调制频率 f_s。

假设占空比 $\alpha=0.4$，吸波系数 $x=0.1$，图 5.5 给出了不同调制频率 f_s 下的仿真结果。

从图 5.5 中可以看出，随着调制频率 f_s 的增大，经调制后的离散谐波谱间隔逐渐增大，但同时 LFM 信号匹配滤波输出峰值逐渐分散。如图 5.5（b）所示，当 f_s = 50MHz 时，谐波峰间隔同样为 50MHz；如图 5.5（e）所示，当 f_s=5MHz，匹配滤波输出间隔为 1μs 时，与式（5.14）相符。因此调制频率主要影响生成谐波和输出峰的位置分布，其间隔与之呈正相关。

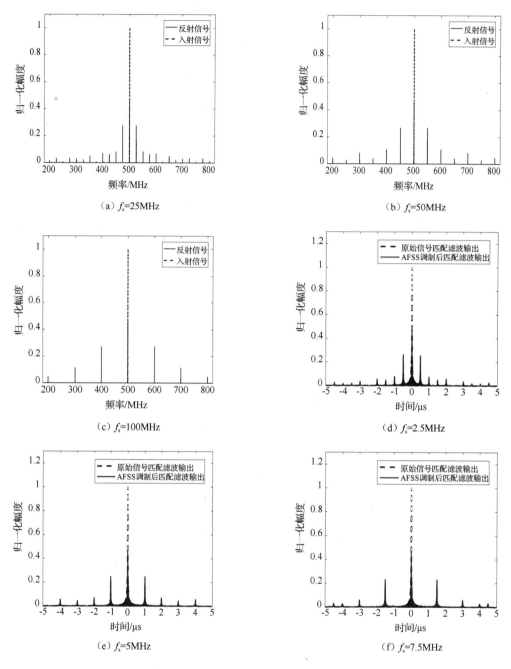

图 5.5　不同调制频率 f_s 下的仿真结果

（2）占空比 α。

假设 AFSS 反射器对单频信号调制频率为 50MHz，对 LFM 信号调制频率为 5MHz，吸波系数 x=0.1，图 5.6 给出了不同占空比 α 下的仿真结果。

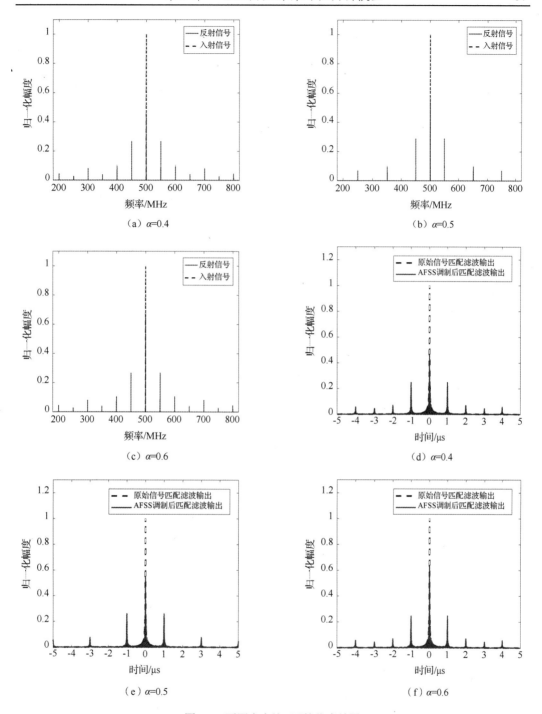

图 5.6　不同占空比 α 下的仿真结果

从图 5.6 中可以看出，离散谐波间距为 50MHz，而匹配滤波峰值间距都为 1μs，与占空比无关，AFSS 反射器的调制占空比主要影响峰值输出的幅值特性，随着占空比的增加，零阶峰依次增大。当 α=0.5 时，从图 5.6（b）和图 5.6（e）可以看出，偶次峰值输出项消失，这与式（5.18）是吻合的。

（3）吸波系数 x。

假设 AFSS 反射器对单频信号调制频率为 50MHz，对 LFM 信号调制频率为 5MHz，占空比 $\alpha=0.4$，图 5.7 给出了不同吸波系数 x 下的仿真结果。

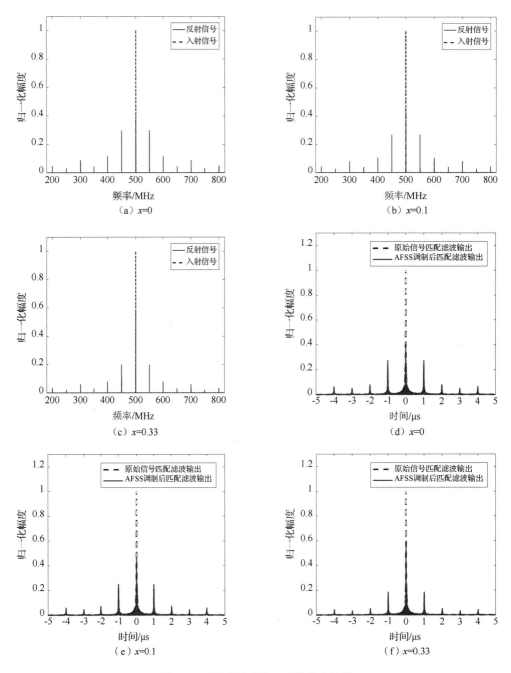

图 5.7　不同吸波系数 x 下的仿真结果

同样地，吸波系数 x 主要影响峰值输出的幅度系数，随着 x 的增大，零阶峰值持续增大，相反地，其他阶的峰值幅度日益减小。总的来说，信号总能量随 x 的增大而增加，因此信号匹配滤波输出平均电平被抬高。

5.2.3　随机编码间歇调制

5.2.3.1　编码调制内涵

编码调制是指 AFSS 反射器随一串编码时间序列切换其反射状态，周期调制为编码调制的一种特殊的码元序列。在编码序列的选择上，信息论提供了大量已知的序列，包括 M 序列、L 序列、巴克码等，而本节分析的是完全采用伪随机产生相应的码元，其不存在周期性。

随机编码时域调制波形如图 5.8 所示，脉冲受随机编码序列 $a_k \in \{1, x\}$ 控制，其时域响应为

$$q(t) = (1-x)\mathrm{rect}\left(\frac{t}{\tau}\right) \otimes \sum_{k=0}^{K-1} a_k \delta(t - k\tau) + x \tag{5.19}$$

式中，τ 表示码长；K 表示码数。对其进行傅里叶变换，其频谱可表示为

$$Q(f) = (1-x)\tau \sin c(\tau f) \sum_{k=0}^{K-1} a_k \exp(-\mathrm{j}2\pi k\tau f) + x\delta(f) \tag{5.20}$$

由于码元序列 a_k 的随机性，式（5.20）不能进一步化简为解析形式，但可以对其相关特性进行分析。

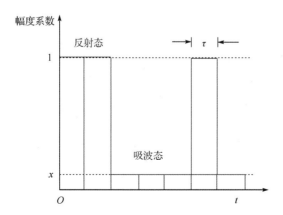

图 5.8　随机编码时域调制波形

（1）零阶峰值。

令 $f=0$，其频率零阶峰值为

$$Q(0) = (1-x)\tau K\beta + x \qquad (5.21)$$

式中，占空比 β 为 "1" 元素数目与总码元数目的比值。与周期谱离散的谐波分布不同，随机编码调制只在零点位置形成唯一峰值，其幅度与原始零阶峰相比会遭受一定的能量损失，其与占空比和吸波系数有关。

（2）主瓣宽度。

从式（5.20）可以看出，随机编码频谱在频域分布上具有连续性，当 $f=m/\tau$ 时，$Q(f)=0$，m 代表非零整数。进一步推导主瓣宽度为

$$B_{\text{main}} = \frac{2}{\tau} \qquad (5.22)$$

与此同时，频谱将出现许多连续的块状区域，其幅值相对于主瓣依次降低，块状区域频谱宽度可表示为

$$B_i = \frac{1}{\tau} \qquad (5.23)$$

式中，i 为非零整数。因此随机编码调制可视为对信号在频域上进行一个连续的多普勒调制，新生成的信号谱经匹配滤波处理后产生许多块状区域。

5.2.3.2 已调信号特性分析

雷达入射信号经 AFSS 反射器随机编码调制后，其时域回波为

$$r(t) = q(t)s(t) \qquad (5.24)$$

（1）频谱特性。

时域的乘积等于频域的卷积，其频率响应为

$$
\begin{aligned}
R(f) &= S(f) \otimes Q(f) \\
&= \underbrace{\left[(1-x)\tau K\beta + x\right]S(f)}_{\text{第一项}} + \underbrace{\tau(1-x)\sin c(f\tau)\sum_{k=0}^{K-1} a_k \exp(-j2\pi k\tau f)\bigg|_{f\neq 0}}_{\text{第二项}} \otimes S(f)
\end{aligned}
$$

$$(5.25)$$

根据式（5.25），经随机编码 AFSS 反射器调制的信号谱包含两项：第一项代表零阶峰，其频谱形式与入射信号频谱形式一致，只是在能量上遭受了一定的损失；第二项代

表对入射信号进行连续的频谱搬移，其本质是因为调制信号 $q(t)$ 频谱的连续性。

（2）匹配滤波特性。

因为码元序列 a_k 的随机性，匹配滤波输出只能对相应的特性进行分析，难以得到其完整的解析表达。将式（5.25）代入式（5.8），其频率匹配滤波输出为

$$
\begin{aligned}
Y(f) &= R(f)S^*(f) \\
&= \left\{ \left[(1-x)\tau K\beta + x \right] S(f) + \tau(1-x)\mathrm{sinc}(f\tau)\sum_{k=0}^{K-1} a_k \exp(-\mathrm{j}2\pi k\tau f)\bigg|_{f\neq 0} \otimes S(f) \right\} S^*(f) \\
&= \left[(1-x)\tau K\beta + x \right] S(f)S^*(f) + \tau(1-x)\mathrm{sinc}(f\tau)\sum_{k=0}^{K-1} a_k \exp(-\mathrm{j}2\pi k\tau f)\bigg|_{f\neq 0} \otimes S(f)S^*(f)
\end{aligned}
$$

$$
\text{（5.26）}
$$

对式（5.26）进行逆傅里叶变换处理，其时域响应为

$$
\begin{aligned}
y(t) &= F^{-1}\left\{ \left[(1-x)\tau K\beta + x \right] S(f)S^*(f) + \tau(1-x)\mathrm{sinc}(f\tau)\sum_{k=0}^{K-1} a_k \exp(-\mathrm{j}2\pi k\tau f)\bigg|_{f\neq 0} \otimes S(f)S^*(f) \right\} \\
&= F^{-1}\left\{ \left[(1-x)\tau K\beta + x \right] S(f)S^*(f) \right\} + \\
&\quad F^{-1}\left[\tau(1-x)\mathrm{sinc}(f\tau)\sum_{k=0}^{K-1} a_k \exp(-\mathrm{j}2\pi k\tau f)\bigg|_{f\neq 0} \otimes S(f)S^*(f) \right] \\
&= \left[(1-x)\tau K\beta + x \right] I_{\mathrm{sm}}(t) + F^{-1}\left[\tau(1-x)\mathrm{sinc}(f\tau)\sum_{k=0}^{K-1} a_k \exp(-\mathrm{j}2\pi k\tau f)\bigg|_{f\neq 0} \otimes S(f)S^*(f) \right] \\
&= \left[(1-x)\tau K\beta + x \right] I_{\mathrm{sm}}(t) + \tau(1-x)\sum_{k=0}^{K-1} a_k F^{-1}\left[\mathrm{sinc}(f\tau)\exp(-\mathrm{j}2\pi k\tau f)\big|_{f\neq 0} \otimes S(f)S^*(f) \right]
\end{aligned}
$$

$$
\text{（5.27）}
$$

根据式（5.27）可知，随机编码 AFSS 反射器调制匹配滤波输出结果包含一个零阶峰，其幅度系数可表示为

$$
E_0 = (1-x)\tau K\beta + x \tag{5.28}
$$

式（5.27）中的第二项表示连续的多普勒频移在匹配滤波的线性叠加，其幅度系数相应较低，其主瓣宽度可表示为

$$
\Delta t = \frac{2}{\tau K_{\mathrm{r}}} \tag{5.29}
$$

同时，生成连续块状区域中心点位置可表示为

$$
t = \frac{2n+1}{4\tau K_{\mathrm{r}}} \qquad (n \neq 0, \pm 1) \tag{5.30}
$$

5.2.3.3　参数控制与仿真分析

本节对随机编码 AFSS 反射器调制进行仿真，分别从对单频信号频谱搬移特性及对 LFM 信号匹配滤波特性展开分析，仿真中随机编码序列 a_k 的码元宽度 τ、占空比 β 由人为设定。假设单频信号载频为 500MHz，LFM 信号中心频率为 10GHz，脉宽为 10μs，带宽为 50MHz，调频率 $K_r=B/T_p=5\times10^{12}$Hz/s。

（1）码元宽度 τ。

首先分析码元宽度 τ 对信号调制特性的影响，假设随机编码序列占空比 $\beta=0.5$，吸波系数 $x=0.1$，图 5.9 给出了 AFSS 随机编码在不同码元宽度 τ 下的仿真结果。

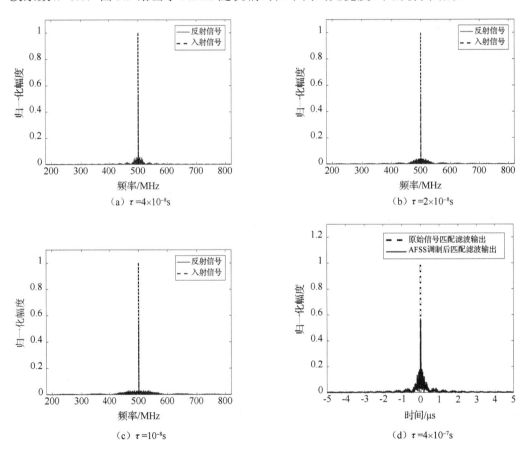

图 5.9　AFSS 随机编码在不同码元宽度 τ 下的仿真结果

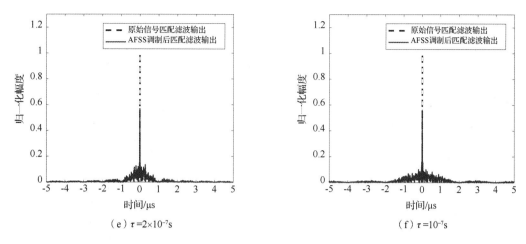

（e）$\tau=2\times10^{-7}$s　　　　　　（f）$\tau=10^{-7}$s

图 5.9　AFSS 随机编码在不同码元宽度 τ 下的仿真结果（续）

从图 5.9 可以看出，AFSS 随机编码调制后的输出是一个连续多普勒调制过程，并在零点形成输出峰。随着码元宽度的减小，其主瓣范围日益增加，零阶峰值吸波系数保持不变。当 $\tau=2\times10^{-8}$s 时，单频信号经调制后信号频率覆盖范围为[450MHz, 550MHz]，宽度为 100MHz。当 $\tau=2\times10^{-7}$s 时，LFM 信号匹配滤波输出主瓣宽度为 2μs，生成连续块状区域中心点位置为[±1.25μs,±1.75μs,±2.25μs,…]，与理论分析结果相符。

（2）占空比 β。

接下来，分析随机编码序列占空比 β 对信号调制特性的影响，假设 AFSS 对单频信号随机编码调制码元宽度为 $\tau=2\times10^{-8}$s，对 LFM 信号调制码元宽度为 $\tau=2\times10^{-7}$s，吸波系数 $x=0.1$，图 5.10 给出了 AFSS 随机编码调制在不同占空比 β 下的仿真结果。

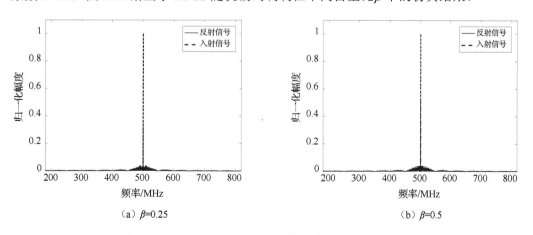

（a）β=0.25　　　　　　　（b）β=0.5

图 5.10　AFSS 随机编码调制在不同占空比 β 下的仿真结果

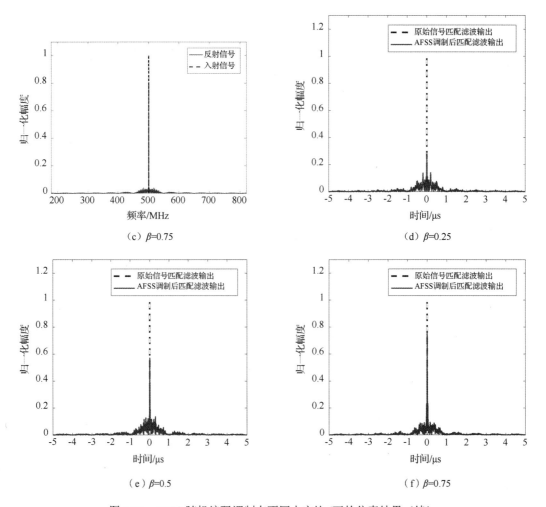

图 5.10　AFSS 随机编码调制在不同占空比 β 下的仿真结果（续）

从图 5.10 可以看出，占空比的变化对生成谱和匹配滤波输出结果的位置系数没有影响，主瓣宽度和生成连续块状区域中心位置都没有变化。其主要影响频谱和匹配滤波输出的吸波系数，随着占空比的增大，其零阶输出也相应增加。

（3）编码序列 a_k。

在码元宽度 τ、占空比 β 和吸波系数 x 都给定的情况下，这里分析了编码序列 a_k 对调制后输出的影响，图 5.11 给出了 AFSS 随机编码调制在不同编码序列 a_k 下的仿真结果。

从图 5.11 可以看出，单频信号调制后的频谱及 LFM 信号调制后的匹配滤波结果非常相似，仅在峰值旁主瓣区域内有细微差别，因此认为编码序列中起决定性因素的是码元宽度和占空比。

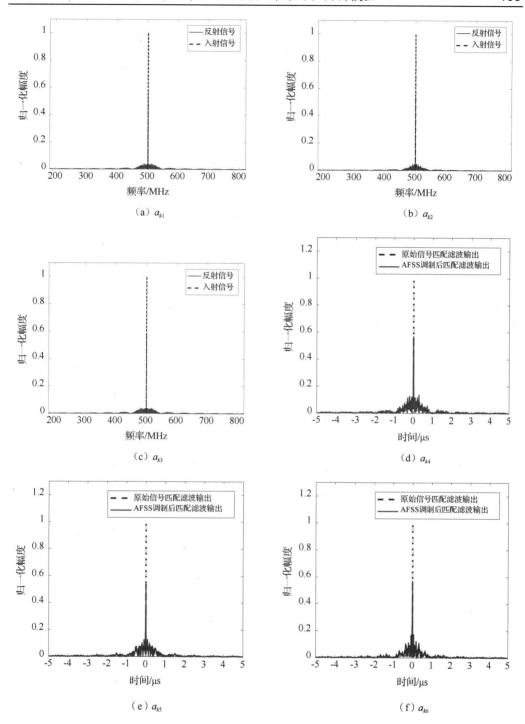

图 5.11 AFSS 随机编码调制在不同编码序列 a_k 下的仿真结果

（4）吸波系数 x。

最后分析吸波系数 x 对调制后输出的影响，假设 AFSS 对单频信号随机编码调制码元宽度为$\tau=2\times10^{-8}$s，对 LFM 信号调制码元宽度为$\tau=2\times10^{-7}$s，占空比$\beta=0.5$，图 5.12 给出了 AFSS 随机编码调制在不同吸波系数 x 下的仿真结果。

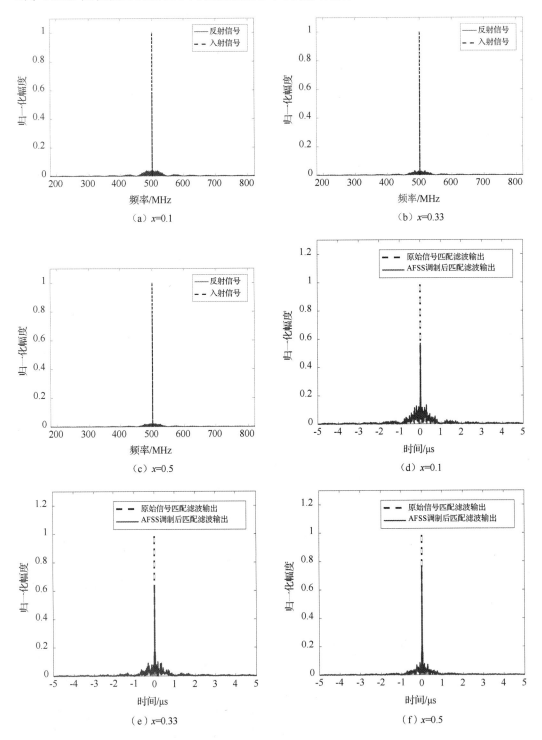

图 5.12　AFSS 随机编码调制在不同吸波系数 x 下的仿真结果

从图 5.12 可以看出，吸波系数 x 主要影响单频信号频谱和 LFM 匹配滤波结果的幅度包络，与周期调制相似，x 越大，零阶输出峰值越大，相应的连续谱幅度响应下降。

5.3　基于 PSS 的相位调制研究

5.3.1　相位调制模型的建立

作为一种新型结构吸波材料，PSS 主要包括开关阻抗层、介质层及金属背板，如图 5.13 所示。一般来说，开关阻抗层由 AFSS 有源阻抗层构成，每个单元元素之间通过可变阻抗元件连接，如 PIN 二极管、变容二极管等。当 AFSS 有源阻抗层 PIN 二极管电阻极大时（不加电），电路断路，表现为全透特性。当 PIN 二极管电阻极小时，其相当于导线，表现为全反。这两种状态间歇切换，反射信号在频域产生频谱搬移的效果，而原始入射载频处信号能量为零，以实现被保护目标的低可探测性。

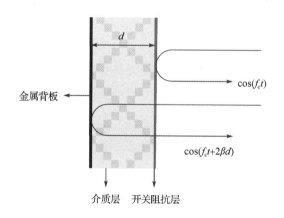

图 5.13　PSS 结构及相位调制原理

假设载频为 f_c、波长为 λ 的电磁波以 90°方向垂直入射，PSS 介质层由介电常数为 1、厚度为 $d=\lambda/4$ 的物质填充。从 PSS 开关阻抗层反射的电磁波可表示为 $\cos(f_c t)$，此时开关阻抗层表现为全反射。当开关阻抗层对电磁波表现为全透射时，电磁波完全穿过开关阻抗层并经金属背板反射，此时反射波可以表现为 $\cos(f_c t+2\beta d)$，其中波数表示为 $\beta=2\pi/\lambda$。因此，$\cos(f_c t+2\beta d)=\cos(f_c t+2\times2\pi/\lambda\times\lambda/4)=-\cos(f_c t)$，两束电磁波完全反相。

使开关阻抗层在全反射和全透射之间进行间歇性切换，此等效为对入射信号施加一个双极性矩形脉冲时间序列的相位调制，其信号幅值在+1 和-1 之间间歇切换。PSS 是一种用于对信号进行相位调制的动态结构，其关于时间的调制模型如图 5.14 所示。

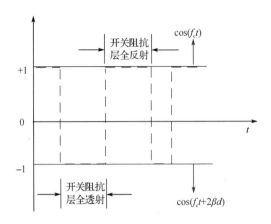

图 5.14　PSS 相位调制模型

不同于 AFSS 幅度调制，PSS 相位调制在不同时刻均表现为强反射特性，只是存在着相位的不同，因此，PSS 本质上是一种相位调制。

5.3.2　周期性间歇调制

5.3.2.1　信号模型

根据上述分析，PSS 以周期的方式执行开关阻抗层切换，其调制波形可视为一个周期双极性矩形脉冲序列，如图 5.15 所示。

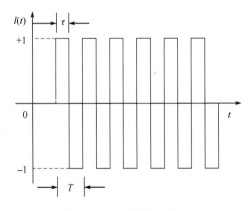

图 5.15　PSS 周期调制波形

在图 5.15 中，横坐标代表时间变量，纵坐标代表幅度系数，信号幅度系数周期性地在+1 与−1 之间切换。切换周期为 T，调制频率为 $f_s=1/T$，τ 表示+1 的驻留时间，τ/T 为信号的调制占空比。因此，其时域信号可表示为

$$l(t) = B_0 + \sum_{n=1}^{+\infty} 2B_n \sin(2\pi n f_s t) \qquad (5.31)$$

式中，$B_0 = \left| \dfrac{2\tau}{T} - 1 \right|$，$B_n = \dfrac{1}{jn\pi} \left[1 - e^{-j\left(\frac{2n\pi\tau}{T}\right)} \right]$。信号频谱可表示为

$$L(f) = B_0 \delta(f) + \sum_{\substack{-\infty \\ n \ne 0}}^{+\infty} B_n \delta(f - n f_s) \qquad (5.32)$$

当占空比 $\tau/T=0.5$ 时，$B_0=0$，频谱零阶峰消失。$L(f)$ 包含冲激频率分量，由调制函数的时域直流分量生成。因此，频谱中包含许多离散的边带，边带包络服从 sinc 函数分布，并沿零点中心对称。

图 5.16 给出了不同调制频率、占空比下周期波形的频谱，由图可知，许多新的谐波生成，呈离散分布。当占空比 $\tau/T=0.5$ 时，零阶谱消失，调制频率主要影响其空间位置分布，而占空比主要影响谐波包络幅度系数。

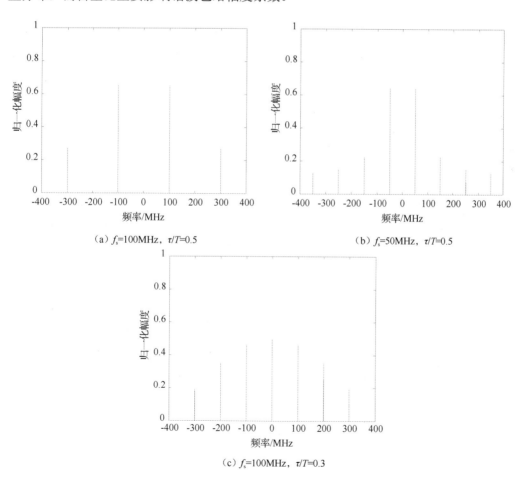

（a）f_s=100MHz，τ/T=0.5   （b）f_s=50MHz，τ/T=0.5

（c）f_s=100MHz，τ/T=0.3

图 5.16 不同调制频率、占空比下周期波形的频谱

5.3.2.2 单频雷达信号

大多数情况下，在分析 PSS 基本原理和特性时，都假设入射信号是单频雷达信号。直观上，若入射信号的频率为 f_c，则 $\beta = \dfrac{2\pi}{\lambda_c}$，当开关阻抗层和金属背板之间的距离为 $d = \dfrac{\lambda_c}{4}$ 时，$\cos(\omega_0 t + 2\beta d) = \cos\left(\omega_0 t + 2 \times \dfrac{2\pi}{\lambda_0} \times \dfrac{\lambda_0}{4}\right) = -\cos(\omega_0 t)$，则可以保证连续两束反射回波的相位刚好相反，达到理想的吸波效果。

具体来说，假设入射信号为单频正弦波 $E_c \sin(2\pi f_c t)$，PSS 反射系数波形为 $\sin(2\pi f_s t)$，经 PSS 反射的信号可以表示为

$$
\begin{aligned}
E_r &= E_c \sin(2\pi f_c t)\sin(2\pi f_s t) \\
&= \frac{E_c}{2}\left\{\cos\left[(2\pi f_c - 2\pi f_s)t\right] + \cos\left[(2\pi f_c + 2\pi f_s)t\right]\right\}
\end{aligned}
\tag{5.33}
$$

从式（5.33）可以看出，入射信号的能量被重新分配到了以入射信号为中心的上下边带上。通常情况下，PSS 反射系数波形为双极性周期矩形方波，因此反射信号可以改写为

$$
E_r = E_c \sin(f_c t)\left[\left(\frac{2\tau}{T} - 1\right) + \frac{2}{n\pi}\sum_{n=1}^{\infty}\left(1 - \cos\left(\frac{2n\pi\tau}{T}\right)\right)\sin(nf_s t)\right]
\tag{5.34}
$$

式中，τ/T 为开关阻抗层调制信号的占空比；f_s 为调制信号频率。当 $\tau/T = 0.5$ 时，式（5.34）变为

$$
E_r = \frac{2E_c}{\pi}\left\{\left[\cos(f_c - f_s) - \cos(f_c + f_s)\right] + \frac{1}{3}\left[\cos(f_c - 3f_s) - \cos(f_c + 3f_s)\right] + \cdots\right\}
\tag{5.35}
$$

可以看出，当调制信号占空比为 0.5 时，可对入射信号实现理想的频移控制，反射信号仅包含奇次谐波分量，入射信号为单频入射信号时，入射信号和反射信号频谱如图 5.17 所示，设定入射信号频率 $f_c = 10\text{GHz}$，调制信号频率 $f_s = 50\text{MHz}$，占空比 $\tau/T = 0.5$ 的双极性周期矩形方波，由图可以看出原入射信号频率处能量被完全压制，相比于原入射信号的能量第一边带信号能量下降了 36.3%。

由以上分析可以看出，当入射信号为单频雷达信号时，PSS 可充分发挥其相位调制的作用，对外表现出理想的频谱搬移效果。

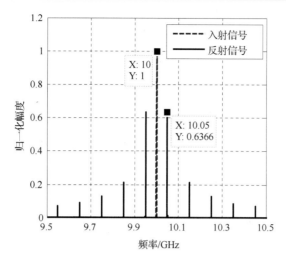

图 5.17　入射信号和反射信号频谱（单频入射信号）

5.3.2.3　LFM 信号调制特性

当 LFM 信号 $s(t)$ 垂直照射到 PSS 时，时域回波信号可表示为

$$r(t) = s(t) \times l(t) \qquad (5.36)$$

根据傅里叶变换对的关系，回波频谱为

$$
\begin{aligned}
R(f) &= S(f) \otimes L(f) \\
&= \sum_{\substack{-\infty \\ n \neq 0}}^{+\infty} B_n S(f - nf_s) + B_0 S(f)
\end{aligned}
\qquad (5.37)
$$

线性调频信号频谱为

$$S(f) = \mathrm{rect}\left(\frac{f - f_0}{B}\right) \exp\left(\frac{\mathrm{j}\pi(f - f_0)^2}{K_r} - \frac{\mathrm{j}\pi}{4}\right) \qquad (5.38)$$

已调信号 $r(t)$ 被雷达接收到，其先经过接收机带通滤波，滤波器的通带与 LFM 信号频谱范围一般相同，其范围可表示成 $\left[f_0 - \dfrac{B}{2}, f_0 + \dfrac{B}{2}\right]$。根据式（5.38）可知，经 PSS 调制后的回波离载频处最近的边带为 $f_0 \pm f_s$，其范围分别可表示成 $\left[f_0 + f_s - \dfrac{B}{2}, f_0 + f_s + \dfrac{B}{2}\right]$ 和 $\left[f_0 - f_s - \dfrac{B}{2}, f_0 - f_s + \dfrac{B}{2}\right]$，因此当调制后边带的下频点 $f_0 + f_s - \dfrac{B}{2}$ 大于滤波器通带的上频点 $f_0 + \dfrac{B}{2}$ 时，新生成边带都在滤波器通带之外，$f_0 + f_s - \dfrac{B}{2} > f_0 + \dfrac{B}{2}$，即 $f_s > B$。

此种情况下，接收机带通滤波器只保留载频分量，经下变频处理后的基带信号为

$$r_{\text{base}}(t) = B_0 \cdot \text{rect}\left(\frac{t}{T_{\text{p}}}\right)\exp(\text{j}\pi K_{\text{r}}t^2) \tag{5.39}$$

根据 5.3.2.2 节的分析，当占空比 $\tau/T=0.5$ 时，$B_0=0$。此时雷达接收机滤波器通带内无信号进入，难以检测到目标。这就是 PSS 结构性材料的吸波原理，通过两种状态间歇切换，已调反射信号在频域产生频谱搬移的效果，而原始入射载频处信号能量为零，以实现被保护目标的低可探测性。

假设雷达发射信号的 LFM 信号载频为 8GHz，带宽为 50MHz，脉宽为 10μs。图 5.18 给出了 $f_s>B$ 时的信号频谱，许多离散谱在新的频点生成，当占空比 $\tau/T=0.5$ 时，新生成的反射信号被搬移到原始信号频谱所在位置，难以被雷达接收机检测。当占空比 $\tau/T=0.3$ 时，原始信号频谱所在位置信号仍然存在，但相对入射信号频谱能量大大降低。

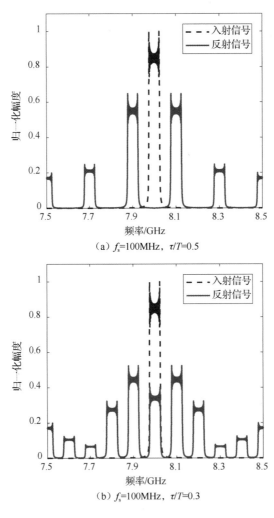

（a）f_s=100MHz，τ/T=0.5

（b）f_s=100MHz，τ/T=0.3

图 5.18　$f_s>B$ 时的信号频谱

刚才讨论了 $f_s>B$ 情况下 PSS 的吸波原理，接下来对 $f_s<B$ 的情况进行进一步讨论。

当 $f_s<B$ 时，一定存在新生成边带都在滤波器通带之内，即 $f_0+nf_s-\dfrac{B}{2}>f_0+\dfrac{B}{2}$，此时经滤波器的中频信号进行下变频处理，基带信号可表示为

$$r_{\text{base}}(t)=\text{rect}\left(\frac{t}{T_{\text{r}}}\right)\exp(\text{j}\pi K_{\text{r}}t^2)\left[A_0+\sum_{\substack{n=-N\\n\neq0}}^{+N}A_n\exp(\text{j}2\pi nf_st)\right] \tag{5.40}$$

式中，$N=\lfloor B/f_s\rfloor$。上式可看作具有不同频率回波信号的叠加，$2N+1$ 为新生成的最大边带数。

图 5.19 给出了 $f_s<B$ 时的信号频谱，当 $f_s<B$ 时，其部分边带仍落于接收机带宽内，相应部分可以被检测。同时，调制频率 f_s 越大，LFM 信号的频谱越分散。

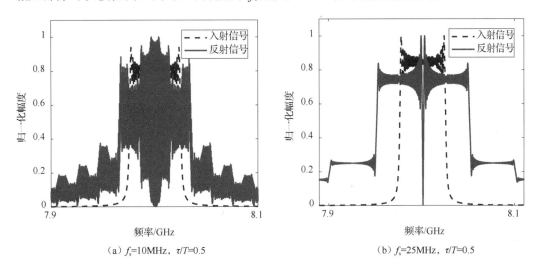

（a）f_s=10MHz，τ/T=0.5　　　　（b）f_s=25MHz，τ/T=0.5

图 5.19　$f_s<B$ 时的信号频谱

5.3.2.4　匹配滤波输出

在 $f_s>B$ 的情况下，只有原始载频位置的边带经过滤波器通带，通过简单的分析可以得到，匹配滤波后输出峰只存在于中心位置，当 τ/T=0.5 时，中心位置峰值消失，表现出隐身特性。

本节主要分析 $f_s<B$ 时的匹配滤波特性，将式（5.40）代入式（5.7），得到其匹配滤波输出为

$$I_{\text{r}}(t)=B_0\left(1-\left|\frac{t}{T_{\text{p}}}\right|\right)\text{sinc}\left[K_{\text{r}}T_{\text{p}}\left(1-\left|\frac{t}{T_{\text{p}}}\right|\right)\right]+\sum_{\substack{n=-N\\n\neq0}}^{+N}B_n\left(1-\left|\frac{t}{T_{\text{p}}}\right|\right)\text{sinc}\left[K_{\text{r}}T_{\text{p}}\left(1-\left|\frac{t}{T_{\text{p}}}\right|\right)\left(t+\frac{nf_s}{K_{\text{r}}}\right)\right]$$

$$\tag{5.41}$$

与 AFSS 周期调制相似，经 PSS 调制的匹配滤波输出结果包含许多个 sinc 离散峰，$n=\pm1, \pm2,\cdots, \pm N$ 为离散峰值的阶数。

假设 LFM 信号中心频率为 10GHz，脉宽为 10μs，带宽为 50MHz。首先给出 $f_s>B$ 的情况，设置 $f_s=100$MHz，$\tau/T=0.5$，其匹配滤波输出特性如图 5.20（a）所示，图像输出为 0，因此 PSS 表现出良好的隐身特性。当 $f_s<B$ 时，$f_s=5$MHz，$\tau/T=0.5$，许多虚假离散峰生成，同时真实位置峰值得到消隐。

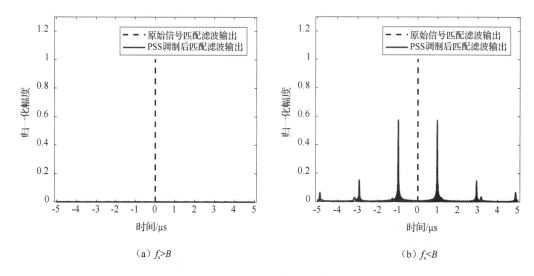

（a）$f_s>B$　　　　　　　　　　　　　（b）$f_s<B$

图 5.20　PSS 周期调制匹配滤波输出

各阶峰值输出位置可表示为

$$t_{\text{peak}} = \frac{nf_s}{K_r} \tag{5.42}$$

各阶峰之间的间隔为

$$\Delta t_{\text{peak}} = \frac{f_s}{K_r} \tag{5.43}$$

将 $t=\dfrac{nf_s}{K_r}$ 代入式（5.41）的三角窗函数 $1-\left|\dfrac{t}{T_p}\right|$，则新的三角窗函数为 $1-\left|\dfrac{nf_s}{K_r}\right|$，它代表具有多普勒频移 nf_s 的反射信号匹配滤波输出幅值特性，即反映匹配滤波的失配程度。因此，第 n 阶峰的幅度系数为

$$I_{\text{base}}(n) = \frac{1}{n\pi}\left(1-\cos\left(\frac{2n\pi\tau}{T}\right)\right)\left(1-\frac{|nf_s|}{B}\right) \tag{5.44}$$

第 n 阶峰的主瓣宽度为

$$\Delta t_n = \frac{1}{B - |nf_s|} \tag{5.45}$$

接下来，通过仿真分析调制参数对于匹配滤波峰值特性的影响，调制参数不变。图 5.21（a）给出了峰值点位置分布随调制频率变化的曲线，调制频率分别为 f_s=2.5MHz、f_s=5MHz 和 f_s=10MHz。从图中可以看出，新生成的匹配滤波输出峰对称分布在真实峰两侧，调制频率越大，低阶峰与真实目标位置越远，且虚假峰越稀疏。

图 5.21（b）给出了匹配滤波输出峰值点幅度系数随占空比 τ/T 的变化曲线，占空比分别为 τ/T=0.5、τ/T=0.3 和 τ/T=0.1。当占空比 τ/T=0.5 时，真实位置峰值消失，同时只存在奇次峰值项，此时离散峰值间距变为 $2f_s/K_r$。当占空比 $\tau/T \neq 0.5$ 时，零阶峰和偶次峰出现，占空比越小，其零阶峰幅度越大。

图 5.21（c）给出了峰值点主瓣宽度随调制频率变化的曲线，调制频率分别为 f_s=2.5MHz、f_s=5MHz 和 f_s=10MHz。图中零阶目标的主瓣宽度为 $1/B$=2×10^{-8}s，而一阶目标的主瓣宽度分别为 2.11×10^{-8}s、2.22×10^{-8}s 和 2.5×10^{-8}s，与真实点峰值十分接近。同时随着阶数的增加，离散峰主瓣宽度也相应增加，与真实峰主瓣宽度相差越大。对于宽带合成孔径雷达而言，一般情况下调制频率 f_s 远小于雷达信号带宽，此时低阶峰主瓣宽度与真实值近乎相同。

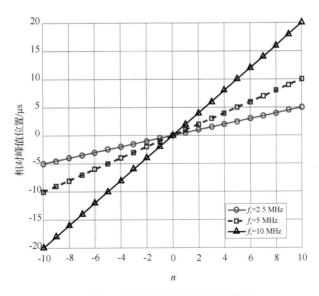

（a）峰值点位置分布随调制频率变化的曲线

图 5.21　PSS 周期调制匹配滤波特性

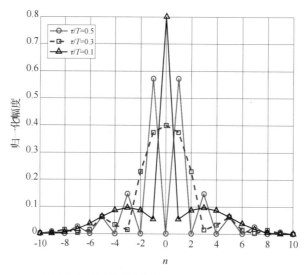

（b）匹配滤波输出峰值点幅度系数随占空比τ/T的变化曲线

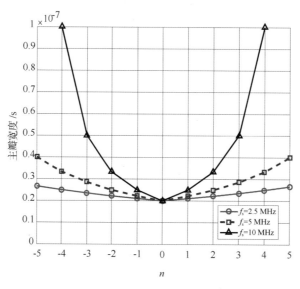

（c）峰值点主瓣宽度随调制频率变化的曲线

图 5.21　PSS 周期调制匹配滤波特性（续）

5.3.3　循环码调制

5.3.3.1　调制内涵

　　本章前面对周期调制和随机编码调制进行了详细的描述，这里所提的循环码是指先进行一定长度编码调制，然后这段编码序列以相同的码元序列进行循环，即形成相应的循环码。

正如图 5.22 所示，PSS 调制信号首先进行 $b_k \in \{+1, -1\}$ 的编码调制，码元宽度为 τ，码数为 K，这段编码信号继续被周期调制。时域信号 $j(t)$ 可表示为

$$j(t) = \mathrm{rect}\left(\frac{t}{\tau}\right) \otimes \sum_{k=0}^{K-1} b_k \delta(t - k\tau) \otimes \sum_{-\infty}^{+\infty} \delta(t - nK\tau) \tag{5.46}$$

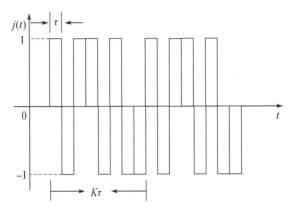

图 5.22　PSS 循环码调制波形

根据傅里叶变换对关系，$\Sigma b_k \delta(t - k\tau) \leftrightarrow \Sigma b_k \exp(-\mathrm{j}2\pi k\tau f)$，$\Sigma \delta(t - nK\tau) \leftrightarrow \frac{1}{K}\tau \Sigma \delta\left(f - \frac{n}{K\tau}\right)$，$\mathrm{rect}\left(\frac{t}{\tau}\right) \leftrightarrow \tau \mathrm{sinc}(f\tau)$。频谱可以进一步表示为

$$J(f) = \sum_{-\infty}^{+\infty} C_n \delta\left(f - \frac{n}{K\tau}\right) \tag{5.47}$$

根据式（5.47）可知，周期调制将生成冲激项 $\Sigma \delta\left(f - \frac{n}{K\tau}\right)$，并以等间隔的方式离散分布，同时这些输出峰沿零阶峰成对称分布。幅度系数 C_n 表示为

$$C_n = \frac{\mathrm{sinc}(n/K)}{K} \sum_{k=0}^{K-1} b_k \exp\left(\frac{-\mathrm{j}2n\pi k}{K}\right) \tag{5.48}$$

幅度系数 C_n 受编码序列和周期调制联合影响。当 $n=0$ 时，零阶谱输出可表示为

$$C_0 = |2\beta - 1| \tag{5.49}$$

式中，$\beta = \frac{K_1}{K}$ 为编码序列占空比，K_1 为编码序列中 "+1" 的码元数。频谱中各阶谐波组件之间的间距可表示为

$$\Delta f = \frac{1}{K\tau} \tag{5.50}$$

根据频谱特性，信号 $j(t)$ 可以更新为

$$j(t) = \sum_{-\infty}^{+\infty} C_n \exp\left(\frac{2n\pi t}{K\tau}\right) \tag{5.51}$$

5.3.3.2 信号调制特性

利用 PSS 循环码对雷达信号进行调制，已调信号频谱可表示为

$$\begin{aligned}
R(f) &= J(f) \otimes S(f) \\
&= \sum_{-\infty}^{+\infty} \frac{\operatorname{sinc}(n/K)}{K} \sum_{k=0}^{K-1} b_k \exp\left(\frac{-j2n\pi k}{K}\right) \delta\left(f - \frac{n}{K\tau}\right) \otimes S(f) \\
&= \sum_{n=-\infty}^{+\infty} C_n S\left(f - \frac{n}{K\tau}\right)
\end{aligned} \tag{5.52}$$

PSS 循环码调制相当于以 $\dfrac{1}{K\tau}$ 为间隔对入射信号进行频谱搬移，其中位置系数主要与循环码的周期相关，而离散谐波幅度系数受码元序列与 sinc 函数联合调制。

下面利用 PSS 循环码对单频信号的调制特性仿真对上述分析进行验证，假设单频信号载频为 500MHz。

图 5.23（a）研究了码元宽度 $\tau=1.25$ns、占空比 $\beta=0.5$、码元序列 b_k={+1+1+1+1-1-1-1-1}时的 PSS 循环码调制特性，此等效于 PSS 周期调制。反射信号频谱由许多新的离散峰生成，其幅度包络受 sinc 函数控制，同时偶次峰组件为 0。在图 5.23（b）中，编码序列变为{+1-1-1-1+1+1-1+1}，其他参数不变，其新生成的离散峰幅度包络发生了相应变化，其受到编码序列和 sinc 函数联合调制。改变占空比，使 $\beta=0.625$，其零阶峰不再为 0，如图 5.23（c）所示。图 5.23（d）给出了不同码元宽度时 PSS 循环码调制时的反射谱，其峰值间距随码元宽度的增大而减小。

将式（5.52）代入式（5.8），得到其匹配滤波输出为

$$I_r(t) = \sum_{n=-N}^{+N} C_n\left(1 - \left|\frac{t}{T_p}\right|\right) \operatorname{sinc}\left[K_r T_p\left(1 - \left|\frac{t}{T_p}\right|\right)\left(t + \frac{n}{K\tau K_r}\right)\right] \tag{5.53}$$

与 PSS 周期调制相似，匹配滤波输出结果包含许多个 sinc 离散峰。各阶峰值输出位置可表示为

$$t_{\text{peak}} = \frac{n}{K\tau K_r} \tag{5.54}$$

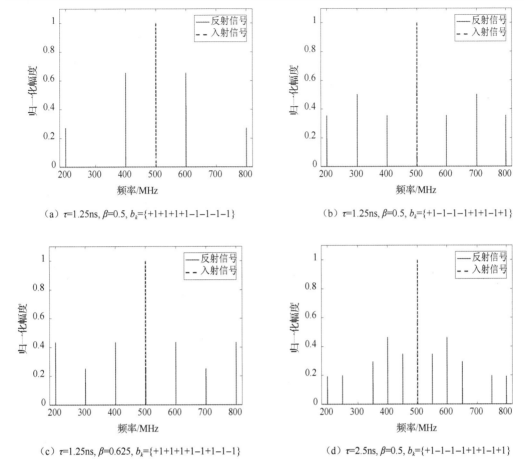

（a）τ=1.25ns，β=0.5，b_k={+1+1+1+1-1-1-1-1}

（b）τ=1.25ns，β=0.5，b_k={+1-1-1-1+1+1-1+1}

（c）τ=1.25ns，β=0.625，b_k={+1+1+1+1-1+1-1-1}

（d）τ=2.5ns，β=0.5，b_k={+1-1-1-1+1+1-1+1}

图 5.23　PSS 循环码调制后频谱特性

各阶峰之间的间隔为

$$\Delta t_{\text{peak}} = \frac{1}{K\tau K_{\text{r}}} \tag{5.55}$$

第 n 阶峰的幅度系数为

$$I_{\text{base}}(n) = \frac{\text{sinc}(n/K)}{K} \sum_{k=0}^{K-1} b_k \exp\left(\frac{-\text{j}2n\pi k}{K}\right)\left(1 - \frac{|n|}{BK\tau}\right) \tag{5.56}$$

图 5.24 给出了 LFM 信号（中心频率为 10GHz，脉宽为 10μs，带宽为 50MHz）经
PSS 循环码调制后匹配滤波输出结果。

在图 5.24（a）中，τ=25ns，β=0.5，b_k={+1+1+1+1-1-1-1-1}，新的离散输出峰形
成，其等效于调制频率 f_s=10MHz 的周期调制。图 5.24（b）给出了不同编码序列 b_k={+1-
1-1-1+1+1-1+1}的匹配滤波输出，其零阶峰消失，同时±1 阶峰出现于±10^{-6}s 处，离散

峰的间距为 10^{-6}s，与式(5.54)、式(5.55)相符。图 5.24(c)给出了 $\beta=0.625$，$b_k=\{+1+1+1+1-1+1-1-1-1\}$时匹配滤波输出的仿真结果，与图 5.23（c）频谱调制结果相比，高阶输出峰呈明显下降趋势，因为匹配滤波输出还受一个三角函数（$1-\dfrac{|n|}{BK\tau}$）调制，阶数越高，其幅度损失越大。码元宽度 $\tau=50$ns 时的匹配滤波输出在图 5.24（d）中呈现，离散峰间距变为 5×10^{-5}s，新生成离散峰数量大大增加。

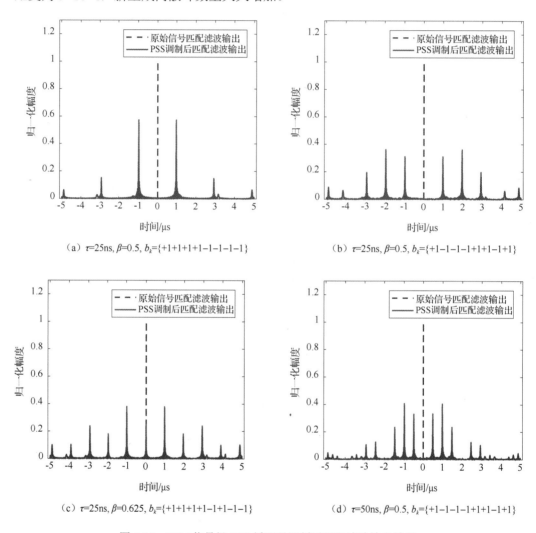

（a）$\tau=25$ns，$\beta=0.5$，$b_k=\{+1+1+1+1-1-1-1-1\}$　　　　（b）$\tau=25$ns，$\beta=0.5$，$b_k=\{+1-1-1+1+1-1+1+1\}$

（c）$\tau=25$ns，$\beta=0.625$，$b_k=\{+1+1+1+1-1+1-1-1\}$　　　　（d）$\tau=50$ns，$\beta=0.5$，$b_k=\{+1-1-1+1+1-1+1+1\}$

图 5.24　LFM 信号经 PSS 循环码调制后匹配滤波输出结果

与周期 PSS 调制相比，循环码调制的区别主要表现在输出峰的幅度系数上，其由编码序列和 sinc 函数联合加权，样式更加多样，而周期 PSS 调制峰值幅度系数服从 sinc 函数分布。

5.3.4　随机编码间歇调制

5.3.4.1　随机编码 PSS 波形

随机编码 PSS 波形如图 5.25 所示，脉冲受随机编码序列 $c_k \in \{1, -1\}$ 控制，调制信号 $h(t)$ 可以被视为一个双极性矩形脉冲波形，码元宽度为 τ，码数为 K，"+1" 元素数目为 K_1，占空比 $\beta = K_1/K$。

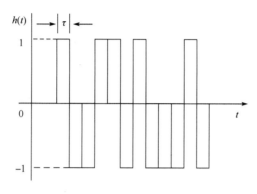

图 5.25　随机编码 PSS 波形

调制信号 $h(t)$ 的时域响应为

$$h(t) = \mathrm{rect}\left(\frac{t - k\tau}{\tau}\right) \otimes \sum_{k=0}^{K-1} c_k \delta(t - k\tau) \tag{5.57}$$

经傅里叶变换，其频谱可以进一步表示为

$$H(f) = \tau \sin c(\tau f) \sum_{k=0}^{K-1} a_k \exp(-\mathrm{j}2\pi k\tau f) \tag{5.58}$$

当 f=0 时，其零阶峰输出为

$$H(0) = K\tau |1 - 2\beta| \tag{5.59}$$

当 $f=\pm 1/\tau$ 时，$H(f)$=0，此时频谱的主瓣宽度经过计算为

$$B_{\mathrm{main}} = \frac{2}{\tau} \tag{5.60}$$

假设随机编码信号码元宽度 τ=0.02μs，占空比 β=0.5，图 5.26（a）给出了相应调制波形的频谱。不同于周期调制的离散谱，随机编码调制是一种连续多普勒调制，频谱中心处 $P(0)$=0，主瓣宽度为 100MHz。改变码元宽度 τ=0.01μs，主瓣宽度变为 200MHz，如图 5.26（b）所示。图 5.26（c）给出了码元宽度 τ=0.02μs 和 β=0.3 的随机编码信号频谱，零频点出现尖峰，同时其连续谱幅度响应降低。

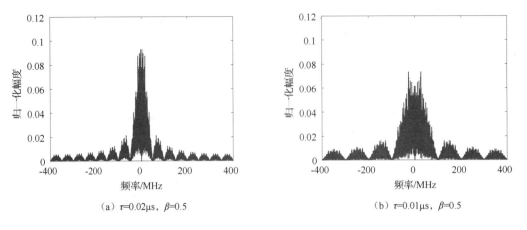

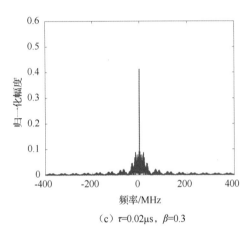

图 5.26　PSS 随机编码调制频谱特性

5.3.4.2　信号调制特性

利用 PSS 随机编码信号进行调制，已调信号频谱可表示为

$$
\begin{aligned}
R(f) &= S(f) \otimes H(f) \\
&= \underbrace{K\tau\left|1-2\beta\right|S(f)}_{\text{第一项}} + \underbrace{\tau\operatorname{sinc}(f\tau)\sum_{k=0}^{K-1}c_k\exp(-\mathrm{j}2\pi k\tau f)\bigg|_{f\neq 0} \otimes S(f)}_{\text{第二项}}
\end{aligned}
\tag{5.61}
$$

根据式（5.61），经随机编码 PSS 调制的信号谱包含两项：第一项代表零阶峰，其频谱形式与入射信号的频谱形式一致，当 $\beta=0$ 时，零阶峰输出值为零。第二项代表对入射信号进行连续的频谱搬移，其会在反射信号频谱上形成许多块状区域。

将式（5.61）代入式（5.8），得到其匹配滤波频域输出为

$$
I(f) = K\tau\left|1-2\beta\right|S(f)S^*(f) + \tau\operatorname{sinc}(f\tau)\sum_{k=0}^{K-1}c_k\exp(-\mathrm{j}2\pi k\tau f)\bigg|_{f\neq 0} \otimes S(f)S^*(f) \tag{5.62}
$$

对其进行逆傅里叶变换，得到其时域输出为

$$I(t) = K\tau \left| 1 - 2\beta \left| S(f)S^*(f) + \tau \sin c(f\tau) \sum_{k=0}^{K-1} c_k \exp(-j2\pi k\tau f) \right|_{f \neq 0} \otimes S(f)S^*(f) \quad (5.63)$$

随机编码 PSS 调制匹配滤波输出结果包含一个零阶尖峰，其幅度系数可表示为

$$E_0 = (1-x)\tau K\beta + x \quad (5.64)$$

式（5-63）中第二项表示连续的多普勒频移在匹配滤波的线性叠加，其幅度系数相应较低，其主瓣宽度可表示为

$$\Delta t = \frac{2}{\tau K_r} \quad (5.65)$$

假设 LFM 信号中心频率为 10GHz，脉宽为 10μs，带宽为 50MHz，图 5.27 给出了不同码元宽度、占空比下 PSS 随机编码调制匹配滤波输出结果。

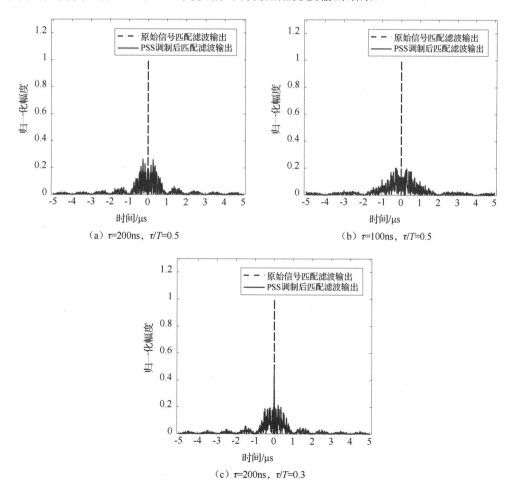

图 5.27　不同码元宽度、占空比下 PSS 随机编码调制匹配滤波输出结果

　　假设 PSS 随机编码信号 τ=200ns，τ/T=0.5，如图 5.27（a）所示，连续的块状区域生成，相对于原始峰值输出，幅度遭受了部分损失，其主瓣宽度为 2×10^{-6}s。在图 5.27（b）中，码元宽度变为 τ=100ns，其相应主瓣宽度变为 4×10^{-6}s。改变占空比 τ/T=0.3，如图 5.27（c）所示，匹配滤波输出零点形成尖峰，这与理论分析相符。

第6章 合成孔径雷达无源干扰方法

6.1 概述

通过前面的分析可知，以 AFSS 和 PSS 为代表的时间调制反射器能够对电磁波进行幅度、相位的灵活调控，同时其兼具实时响应、不易暴露、与天然环境融合等优势。相对于无源微动干扰，由于电控比机械控制具备更快的调控速度，往往能够达到几十纳秒的数量级，能够解决脉内调控的难题。合成孔径雷达系统可以看作一个二维匹配滤波系统，具有独特的频率响应特性，实现雷达图像距离向和方位向的高分辨。成像系统对调制回波进行处理时，脉冲压缩输出特性会遭到破坏，形成失配现象，雷达图像目标特征会发生畸变。

本章以 TMR 电磁调控为主线，研究经反射器调制后信号对合成孔径雷达效应的影响，分别对二维图像特征欺骗方法、雷达目标特征消隐方法、二维图像特征压制方法进行研究，并通过评估指标对干扰效果进行分析。最后加工制作了基于 TMR 的干扰系统，并利用 SAR 成像试验验证了干扰装置多假目标特征欺骗的效果。本章内容的具体安排如下。

6.2 节针对时间调制 AFSS 反射器展开合成孔径雷达图像特征控制技术的研究，通过对脉内及脉间的联合调制，实现二维图像特征欺骗的效果，并对假目标空间分布及幅度特性进行了分析。基于 AFSS 随机编码信号，提出了一种雷达干扰方法，有效地改变了目标在 SAR 图像上的目标特征。6.3 节分析了基于 PSS 的雷达图像调制方法，相对于 AFSS 幅度调制，PSS 相位调制具备原始目标位置消隐、能量利用率高等优势，同时能够实现二维图像特征欺骗与压制的效果。

6.2 基于有源频率选择表面的 SAR 干扰方法

6.2.1 二维图像特征欺骗方法

6.2.1.1 调制信号模型

基于 AFSS 的图像特征欺骗主要可以通过两种方式进行实现：一是将制作的 AFSS 反射器依附于目标表面，因其具备真实目标的电磁散射特性，调制效果更加准确。但将反射器完全依附于表面可能会影响被保护目标本体的结构功能，使其不能正常工作，因此在某些场合这种方法是不可行的；二是将 AFSS 制作成与被保护目标形状相似、大小相当的诱饵，通过相应的调制能够生成更多的诱饵，以达到欺骗雷达系统的目的。

相比于有源图像特征欺骗方法，AFSS 图像特征欺骗方法具有实时响应特性，能够直接反射雷达回波，并不存在时延。同时，该方法不需要先验信息将目标模板调制到信号上，而是直接通过目标的电磁散射调制，场景更加逼真。

接下来，本节从信号处理的角度对二维图像特征欺骗方法进行进一步分析。

（1）距离向调制。

假设采用 5.2 节分析的周期 AFSS 信号作为快时间调制信号，发射的雷达信号经时间调制 AFSS 反射并回到雷达接收机，为了能够更清晰地表示调制效果，距离向调制波形图如图 6.1 所示。

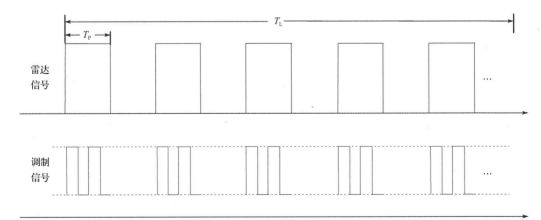

图 6.1 距离向调制波形图

已调信号可表示为

$$r\left(\hat{t}, t_{\mathrm{m}}\right) = s\left(\hat{t}, t_{\mathrm{m}}\right) \cdot p\left(\hat{t}\right) \tag{6.1}$$

已调信号经滤波处理得到的基带信号可表示为

$$
\begin{aligned}
r_{\mathrm{base}}\left(\hat{t}, t_{\mathrm{m}}\right) &= \mathrm{rect}\left(\frac{\hat{t}}{T_{\mathrm{P}}}\right) \exp\left[\mathrm{j}\pi K_{\mathrm{r}}\hat{t}^{2}\right] \times \\
&\quad \left[A_{0} + \sum_{\substack{n=-N \\ n\neq 0}}^{+N} A_{n} \exp\left(\mathrm{j}2n\pi f_{\mathrm{s}}\hat{t}\right)\right]
\end{aligned} \tag{6.2}
$$

式（6.2）可以被视为未被调制 LFM 信号和具备不同频率调制信号的叠加，它包含许多边带，原始信号能量被分配到几个边带上，因此原频点信号能量大大下降。

此后，基带信号经过 RD 成像算法处理，由于 LFM 信号的耦合作用，多普勒频移等效于输出峰在时域上的延拓，被 AFSS 距离向调制的点目标二维图像可表示为

$$I_{r(\hat{t}, t_{\mathrm{m}})} = \left\{ A_{0} + \sum_{\substack{n=-N \\ n\neq 0}}^{+N} A_{n}\left(1 - \left|\frac{nf_{\mathrm{s}}}{B}\right|\right) \mathrm{sinc}\left[K_{\mathrm{r}}T_{\mathrm{p}}\left(1 - \left|\frac{\hat{t}}{T_{\mathrm{p}}}\right|\right)\left(\hat{t} + \frac{nf_{\mathrm{s}}}{K_{\mathrm{r}}}\right)\right] \right\} \mathrm{sinc}\left(K_{\mathrm{a}}T_{\mathrm{L}}t_{\mathrm{m}}\right) \tag{6.3}$$

式中，$n = \pm 1, \pm 2, \cdots, \pm N$ 为距离向被保护目标两侧假目标的阶数。根据式（6.3），图像输出结果沿距离向包含许多 sinc 峰，每个 sinc 峰可等效于一个点状假目标。

（2）方位向调制。

上述距离向调制是指在快时间进行调控，这里讲的方位向调制是指在慢时间进行处理。如图 6.2 所示，方位向调制是一种脉间调制，其调制周期为 T_{m}，调制频率可表示为 $f_{\mathrm{m}} = 1/T_{\mathrm{m}}$，占空比为 $\tau_{\mathrm{m}}/T_{\mathrm{m}} = 0.5$。

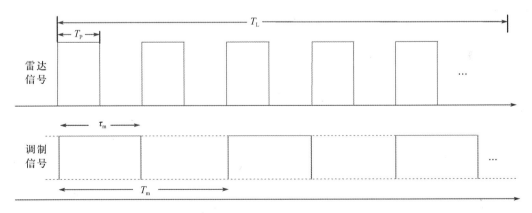

图 6.2　方位向调制波形图

慢时间调制信号 $p(t_{\mathrm{m}})$ 可表示为

$$p(t_{\mathrm{m}}) = C_0 + \sum_{\substack{-\infty \\ m \neq 0}}^{+\infty} C_m \cos\left(2m\pi f_{\mathrm{m}} t_{\mathrm{m}}\right) \tag{6.4}$$

式中，$C_0 = \dfrac{1+x}{2}$；$C_m = \dfrac{1}{m\pi}(1-x)\sin\left(\dfrac{m\pi}{2}\right)$。雷达发射信号经 AFSS 方位向调制后，经滤波处理后得到基带信号，基带信号在经成像处理得到点目标二维图像为

$$I_{a(\hat{t}, t_{\mathrm{m}})} = \left\{ C_0 + \sum_{\substack{n=-N \\ n \neq 0}}^{+N} C_n \left(1 - \left|\frac{mf_{\mathrm{m}}}{B_{\mathrm{m}}}\right|\right) \mathrm{sinc}\left[K_a T_L \left(1 - \left|\frac{t_{\mathrm{m}}}{T_L}\right|\right)\left(t_{\mathrm{m}} + \frac{mf_{\mathrm{m}}}{K_a}\right)\right] \right\} \mathrm{sinc}\left(K_r T_p \hat{t}\right) \tag{6.5}$$

式中，多普勒带宽 $B_{\mathrm{m}} = K_a T_L$，$m = \pm 1, \pm 2, \cdots, \pm M$ 为方位向被保护目标两侧假目标的阶数，根据式（6.5）可知，图像输出在方位向形成许多点状假目标。

（3）距离向和方位向联合调制。

为了获得二维干扰的效果，AFSS 对雷达信号同时进行快时间、慢时间的联合调制。在应用中，我们可以通过简单的开关实现 AFSS 二维干扰功能，首先使 AFSS 快速地在反射屏与吸波屏之间切换，突然停掉开关状态，使 AFSS 表现为吸波屏，持续一段时间后又恢复反射屏和吸波屏之间快速切换状态，如此反复进行。

二维调制相当于在两个一维调制的基础上进行了一个逻辑与操作，其波形如图 6.3 所示，雷达信号经 AFSS 二维调制可表示为

$$r\left(\hat{t}, t_{\mathrm{m}}\right) = s\left(\hat{t}, t_{\mathrm{m}}\right) \cdot p\left(\hat{t}\right) \cdot p\left(t_{\mathrm{m}}\right) \tag{6.6}$$

此时经处理的基带信号为

$$\begin{aligned}
r_{\mathrm{base}}\left(\hat{t}, t_{\mathrm{m}}\right) = {} & \mathrm{rect}\left(\frac{\hat{t}}{T_P}\right) \exp\left[\mathrm{j}\pi K_r \hat{t}^2\right] \times \\
& \left[A_0 + \sum_{\substack{n=-N \\ n \neq 0}}^{+N} A_n \exp\left(\mathrm{j}2n\pi f_{\mathrm{s}} \hat{t}\right)\right] \times \\
& \left[C_0 + \sum_{\substack{m=-M \\ m \neq 0}}^{+M} C_m \exp\left(\mathrm{j}2m\pi f_{\mathrm{m}} t_{\mathrm{m}}\right)\right]
\end{aligned} \tag{6.7}$$

基带信号包括具有不同多普勒频移 nf_{s} 和 mf_{m} 的边带，电磁波能量被分散到这些边带上。经调制的二维匹配滤波图像为

$$I_{r(\hat{t},t_{\mathrm{m}})} = \left\{ A_0 + \sum_{\substack{n=-N \\ n\neq 0}}^{+N} A_n \left(1 - \left| \frac{nf_{\mathrm{s}}}{B} \right| \right) \sin c \left[K_{\mathrm{r}} T_{\mathrm{p}} \left(1 - \left| \frac{\hat{t}}{T_{\mathrm{p}}} \right| \right) \left(\hat{t} + \frac{nf_{\mathrm{s}}}{K_{\mathrm{r}}} \right) \right] \right\}$$

$$\left\{ C_0 + \sum_{\substack{m=-M \\ m\neq 0}}^{+M} C_m \left(1 - \left| \frac{mf_{\mathrm{m}}}{B_{\mathrm{m}}} \right| \right) \sin c \left[K_{\mathrm{a}} T_{\mathrm{L}} \left(1 - \left| \frac{t_{\mathrm{m}}}{T_{\mathrm{L}}} \right| \right) \left(t_{\mathrm{m}} + \frac{mf_{\mathrm{m}}}{K_{\mathrm{a}}} \right) \right] \right\}$$

（6.8）

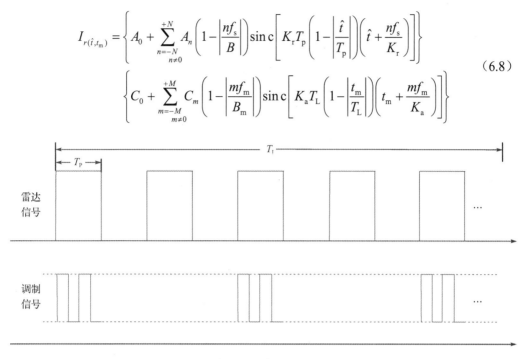

图 6.3　二维调制波形

根据式（6.8），图像输出包含许多沿距离向和方位向对称分布的点状假目标，相应的输出特性将在后续分析。

6.2.1.2　假目标特性分析

本节主要从二维调制的角度出发，分别从空间分布特性和幅度特性的角度对假目标进行分析。

（1）空间分布特性。

从上述分析可知，多假目标以零阶目标为中心，沿距离向和方位向对称分布。当 $\hat{t} = -nf_{\mathrm{s}}/K_{\mathrm{r}}$ $(n\neq 0)$ 时，sinc 峰出现并对应相应假目标。假目标沿距离向的位置为

$$R_{\mathrm{r}} = \frac{ncf_{\mathrm{s}}}{2K_{\mathrm{r}}} \tag{6.9}$$

从式（6.9）可以看出，真目标位置与调频率 K_{r} 无关，而虚假目标位置与 K_{r} 有关。通过改变 K_{r}，真实目标仍然出现在相同位置，而假目标位置将发生相应变化。利用这种抗干扰措施，能够有效鉴别出真假目标。因此，需要研究新的调控方式以消除零阶目标。

相应的假目标间距为

$$\Delta R_{\rm r} = \frac{cf_{\rm s}}{2K_{\rm r}} \qquad (6.10)$$

当雷达信号参数固定时,相邻假目标间隔相同与目标阶数 n 无关,仅与调制频率 $f_{\rm s}$ 有关。特别地,当 $\tau/T_{\rm s}$=0.5 时,假目标间隔变为 $\Delta R_{\rm r}=cf_{\rm s}/K_{\rm r}$,因为它们仅仅存在于零阶和奇数阶。为了有效地在距离向区分相邻假目标,其间隔需要大于距离向上目标的长度 $L_{\rm r}$,即满足 $\Delta R_{\rm r}>L_{\rm r}$。否则,生成的虚假目标将在 SAR 图像上发生混叠。进一步推导得出调制频率 $f_{\rm s}$ 需要满足:

$$f_{\rm s} > \frac{2K_{\rm r}L_{\rm r}}{c} \qquad (6.11)$$

当 $nf_{\rm s}>B$ 时,距离向上将不存在假目标,因此,SAR 图像上沿距离向的最大假目标数表示为

$$N_{\rm r\,max} = \left\lfloor \frac{cB}{K_{\rm r}L_{\rm r}} \right\rfloor + 1 \qquad (6.12)$$

式中,$\lfloor \cdot \rfloor$ 表示向下取整。假设 LFM 信号带宽 B=300MHz,脉宽 $T_{\rm P}$=10μs,调频率 $K_{\rm r}$=3×10^{13}Hz/s,AFSS 调制频率 $f_{\rm s}$=5MHz,占空比 $\tau/T_{\rm s}$=0.5,吸波系数 x=0.1。图 6.4 给出了完整 LFM 信号和经 AFSS 调制的 LFM 信号距离向脉冲压缩的输出结果。

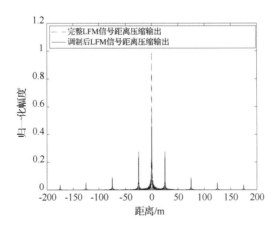

图 6.4　完整 LFM 信号和经 AFSS 调制的 LFM 信号距离向脉冲压缩的输出结果

从图 6.4 可以看出,生成的多假目标对称地分布在真实目标周围。相对于完整的 LFM 信号,调制后峰值输出遭受了一定的幅度损失。由于匹配滤波器的失配处理,相邻虚假峰的距离间隔为 50m。生成虚假目标能量主要集中在低阶峰,并随阶数的增加而降低。

与距离向假目标类似，当 $t_m = -mf_m/K_a$ 出现时，sinc 峰出现并对应相应方位向假目标，其位置可表示为

$$R_a = \frac{mvf_m}{K_a} \tag{6.13}$$

当 m 为偶数时，幅度系数 $C_m=0$，假目标仅仅存在于奇数阶。相应方位向假目标的间隔可表示为

$$\Delta R_a = \frac{2vf_m}{K_a} \tag{6.14}$$

同时，相应的假目标间隔 ΔR_a 需要大于被保护目标沿方位向的长度 L_a，即 $\Delta R_a > L_a$，此时方位向调制频率 f_m 需满足：

$$f_m > \frac{K_a L_a}{2v} \tag{6.15}$$

沿方位向最大假目标数为

$$N_{a\max} = \left\lfloor \frac{2vB_m}{K_a L_a} \right\rfloor + 1 \tag{6.16}$$

（2）幅度特性。

根据式（6.8），SAR 图像中二维假目标的幅度系数可表示为

$$A(n,m) = \begin{cases} \dfrac{1}{2}\left[\left(1-\dfrac{\tau}{T_s}\right)x^2 + x + \dfrac{\tau}{T_s}\right] & n=0, m=0 \\[2em] \left[\left(\dfrac{\tau}{T_s}-1\right)x^2 + \left(1-\dfrac{2\tau}{T_s}\right)x + \dfrac{\tau}{T_s}\right] \times \\ \dfrac{1}{m\pi}\left|\sin\left(\dfrac{m\pi}{2}\right)\right|\left(1-\left|\dfrac{mf_m}{B_m}\right|\right) & n=0, m\neq 0 \\[2em] \dfrac{1}{2n\pi}\left|\sin\left(\dfrac{n\pi\tau}{T_s}\right)\right|(1-x^2)\left(1-\left|\dfrac{nf_s}{B}\right|\right) & n\neq 0, m=0 \\[2em] \dfrac{1}{nm\pi^2}\left|\sin\left(\dfrac{n\pi\tau}{T_s}\right)\right|\left(1-\dfrac{|nf_s|}{B}\right) \times \\ \left|\sin\left(\dfrac{m\pi}{2}\right)\right|(1-x)^2\left(1-\dfrac{|mf_m|}{B_m}\right) & n\neq 0, m\neq 0 \end{cases} \tag{6.17}$$

从式（6.17）可以看出，(n,m)阶假目标的幅度系数由加权系数和三角窗函数联合决定。它们的差异在于加权系数由 AFSS 周期调制信号的傅里叶级数决定，其代表每阶谐波组件的强度。三角窗函数 $1-\left|\dfrac{nf_s}{B}\right|$ 和 $1-\left|\dfrac{mf_m}{B_m}\right|$ 由 LFM 信号匹配滤波特性决定，其反映了当反射信号具有 nf_s 和 mf_m 时多普勒频移匹配滤波器的失配程度。在正常情况下，由于 f_s 远小于 B 且 f_m 远小于 B_m，三角窗的失配程度较小。因此，加权系数仍在合成输出中占主导地位。

下面，占空比 τ/T_s 和吸波系数 x 对假目标幅度特性的影响将被具体分析。因为高阶峰的峰值能量相对较低，这里主要对三阶及三阶以下的低阶峰进行分析。

假设 LFM 信号带宽 B=300MHz，多普勒带宽 B_m=360Hz，调制频率 f_s=10MHz，脉间调频率 f_m=20Hz，占空比 τ/T_s=0.5。图 6.5（a）描述了不同 x 情况下各阶峰值输出的吸波系数，假目标能量主要集中于低阶峰，$(0,0)$ 阶峰值输出随 x 的增加而增加。相反，其他阶假目标能量随 x 的增加而减小，而 x 由 AFSS 的吸波特性决定。从干扰的角度来讲，各阶虚假目标能量值越接近越好，这样对雷达判图系统造成的难度更大，因此 x 越小越有利于干扰，当 x=0 时，干扰效果最佳。

假设 x=0.1，其他仿真参数不变。图 6.5（b）呈现了不同占空比 τ/T_s 情况下各阶峰值输出的吸波系数。$(0,0)$ 阶、$(0,1)$ 阶输出峰随占空比 τ/T_s 的增加而增加。当 τ/T_s=0.5 时，$(1,0)$、$(1,1)$、$(3,3)$ 阶峰值输出达到最大，为了尽可能使假目标能量值接近，占空比需要接近 0.5。

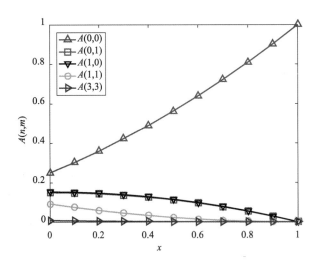

（a）不同 x 情况下各阶峰值输出的吸波系数

图 6.5　峰值吸波系数

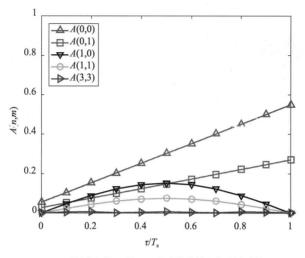

（b）不同占空比τ/T_s情况下各阶峰值输出的吸波系数

图 6.5　峰值吸波系数（续）

6.2.1.3　实测数据验证

为了进一步分析 SAR 二维图像特征欺骗效果，美国 Sandia 国家实验室的 SAR 实测数据被用来进行验证。在场景中，雷达工作载频 9GHz（λ=0.033m），LFM 信号带宽 B=300MHz，调频率 K_r=1.5×10^{14}Hz/s，脉宽 T_P=2μs，方位向调频率 K_a=90Hz/s，平台速度 v=180m/s，场景成像采用 RD 算法。真实场景 SAR 图像如图 6.6（a）所示，一架飞机作为被保护目标位于场景中央。其距离向和方位向的长度分别为 25m 和 30m。

对于一架包含多散射点的复杂目标，许多 AFSS 将附着于其表面，每块 AFSS 拥有相同的调制波形且同步。因此，被多块 AFSS 覆盖的飞机目标图像为各块 AFSS 点目标调制后 SAR 图像之和。

因为实测 SAR 数据是事先获得的，因此 AFSS 调制过程将在信号被接收后执行，图 6.7 给出了基于实测数据的 AFSS 调制处理流程。

首先，目标图像从 SAR 图像上分割出来，如图 6.6（b）所示。根据图像反演，分别获得场景回波信号和目标回波信号。紧接着，目标回波信号经 AFSS 调制获得假目标信号，此过程等效于贴在保护目标表面的 AFSS 对电磁波的调制过程。假目标信号与处理后信号相互叠加，并通过 RD 算法恢复出调制后的 SAR 图像。

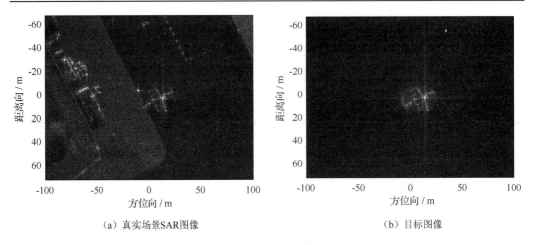

（a）真实场景SAR图像　　　　　　　　　（b）目标图像

图 6.6　实测 SAR 数据

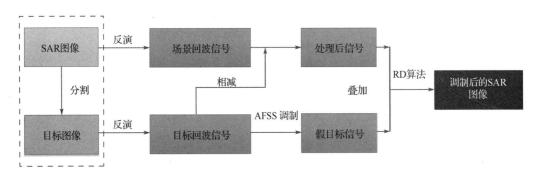

图 6.7　基于实测数据的 AFSS 调制处理流程

图 6.8 给出了在不同参数下 AFSS 周期调制的成像结果。根据式（6.11）和式（6.15），调制频率 f_s 和方位向调制频率 f_m 需要满足 $f_s > 25\text{MHz}$、$f_m > 15\text{Hz}$ 去避免生成混叠的假目标。图 6.8（a）呈现了调制参数 $f_s = 40\text{MHz}$，$f_m = 20\text{Hz}$，$\tau/T_s = 0.5$，$x = 0.1$ 时的成像结果，生成的假目标对称地分布于真实目标周围，在距离向和方位向相应的假目标间隔都为 40m。为了方便比较，调制参数被更新为 $f_s = 20\text{MHz}$，而其他参数不变，相邻的假目标间隔变为 20m，它们之间出现了混叠效应，同时高阶假目标由于能量较低，在图像中难以看清。图 6.8（a）和图 6.8（c）对比了假目标与方位向调制频率的关系，方位向假目标间隔随 f_m 的增加而增加。

图 6.8（d）和图 6.8（e）呈现了不同占空比 τ/T_s 的调制结果。当 $\tau/T_s = 0.25$ 时，所有假目标的能量都相对减少，当 $\tau/T_s = 0.75$ 时，(0,0)、(0,±1)阶目标的能量增加，而其他阶目标能量降低，这与理论分析是相符的。图 6.8（f）呈现了 $x = 0.33$ 时 AFSS 调制的结果，(0,0)阶目标的能量增加，而生成假目标的能量降低。

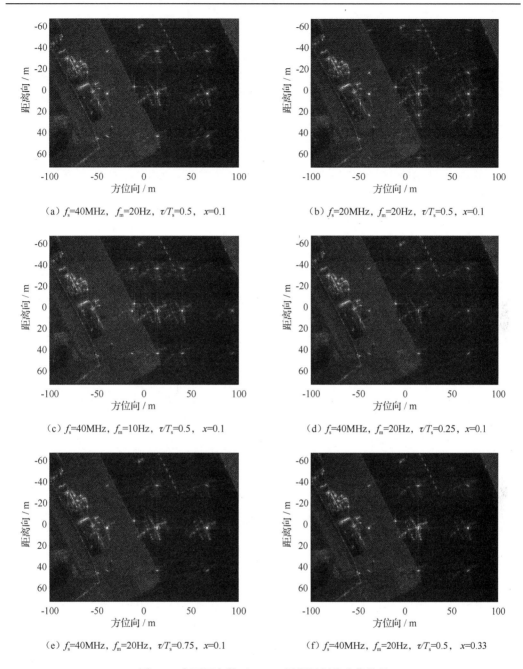

（a）f_s=40MHz，f_m=20Hz，τ/T_s=0.5，x=0.1　　　　　　（b）f_s=20MHz，f_m=20Hz，τ/T_s=0.5，x=0.1

（c）f_s=40MHz，f_m=10Hz，τ/T_s=0.5，x=0.1　　　　　　（d）f_s=40MHz，f_m=20Hz，τ/T_s=0.25，x=0.1

（e）f_s=40MHz，f_m=20Hz，τ/T_s=0.75，x=0.1　　　　　　（f）f_s=40MHz，f_m=20Hz，τ/T_s=0.5，x=0.33

图 6.8　在不同参数下 AFSS 周期调制的成像结果

6.2.2　SAR 目标特征变换方法

6.2.2.1　调制机理

基于有时间调制 AFSS 反射器的 SAR 图像特征调制主要利用 AFSS 依附于目标

表面或关键位置，通过随机编码调制，改变真实雷达目标特征，从而使 SAR 对目标的特征提取和识别造成较大的困难。6.2.1 节已经从信号处理角度详细地描述了距离向调制和方位向调制的区别，本节直接利用二维调制对 SAR 目标特征变换方法进行详细阐述。

SAR 目标特征变换主要是利用随机编码间歇调制波形，为实现二维调制，AFSS 在慢时间同时进行随机编码调制，慢时间调制信号为

$$q(t_{\mathrm{m}}) = (1-x)\mathrm{rect}\left(\frac{t_{\mathrm{m}}}{\tau_{\mathrm{m}}}\right) \otimes \sum_{l=0}^{L-1} a_l \delta(t_{\mathrm{m}} - l\tau_{\mathrm{m}}) + x \tag{6.18}$$

式中，τ_{m} 为码元宽度，调制频率 $f_{\mathrm{l}}=1/\alpha_{\mathrm{m}}$，占空比为 η，L 为脉间调制码元序列码数，$\{a_l\}$ 为相应编码序列。

当雷达发射 LFM 信号经 AFSS 二维随机编码调制时，已调信号表示为

$$r(\hat{t}, t_{\mathrm{m}}) = s(\hat{t}, t_{\mathrm{m}}) \cdot q(\hat{t}) \cdot q(t_{\mathrm{m}}) \tag{6.19}$$

已调信号被视为随机编码 AFSS 对 LFM 信号的连续多普勒频率调制，其后经接收机一系列处理并得到基带信号，基带信号经 RD 成像处理得到目标二维图像。

由于编码序列 $\{a_k\}$ 和 $\{a_l\}$ 的随机性，图像输出不能进一步呈现为解析形式。根据随机编码调制匹配滤波结果分析可知，输出结果可表示一个目标尖峰和连续块状区域之和，即

$$I_{r(\hat{t}, t_{\mathrm{m}})} = I_{\mathrm{peak}(\hat{t}, t_{\mathrm{m}})} + I_{\mathrm{strip}(\hat{t}, t_{\mathrm{m}})} \tag{6.20}$$

通过对 AFSS 随机码波形和 LFM 信号的脉冲压缩特性的分析，连续的多普勒频移会导致输出峰值的位置在时域内移动。同时，由于二维匹配滤波处理的失配，大大降低了输出峰值的幅度。输出峰值的能量减少了，并且在目标位置周围形成了一些连续的干扰条带。

6.2.2.2　特性分析

虽然二维图像的解析形式不能完整表达，但形成的干扰特征可以进行相应分析。调制信号经二维匹配滤波处理在图像上形成一片块状区域，因此，图像沿距离向生成块状区域的中心位置为

$$R_{\mathrm{r}} = \pm\frac{(2n+1)c}{4\tau K_{\mathrm{r}}} \tag{6.21}$$

式中，正整数 n 为块状区域沿距离向的阶数。在原始能量一定的情况下，总能量被分散到许多块状区域，相比周期离散调制，随机连续多普勒调制输出能量较低，因此本章主要关注低阶块状区域能量，特别是零阶主瓣区域。主瓣干扰带区域范围为

$$\Delta R_{\text{rmain}} = \frac{c}{\tau K_{\text{r}}} \tag{6.22}$$

干扰带的能量主要集中于主瓣范围内，码元宽度越小，主瓣宽度越大，但其能量均值会相应降低。当码元宽度变大时，其能量均值将相应增加，但会实现窄条带覆盖。同时，$\Delta R_{\text{rmain}} > L_{\text{r}}$，因此码元宽度应满足：

$$\tau < \frac{c}{K_{\text{r}} L_{\text{r}}} \tag{6.23}$$

假设 LFM 信号的带宽 $B = 300\text{MHz}$，脉宽 $T_{\text{P}} = 10\mu\text{s}$，码元宽度 $\alpha = 0.1\mu\text{s}$，占空比 $\beta = 0.5$，吸波系数 $x = 0.1$。图 6.9 给出了完整的 LFM 信号和调制的 LFM 信号的距离压缩输出。结果表明，距离压缩输出仍具有峰值，并且沿距离向形成了一些干扰条。与完整的 LFM 信号相比，峰值输出会遭受一些幅度损失。主瓣干扰的覆盖范围为 100m，幅度大于其他块状干扰区域。因此，通过距离压缩输出的 sinc 峰被转换为较小的尖峰和一些连续的干扰条带，并且在随机编码 AFSS 调制之后对目标特征进行了变换。

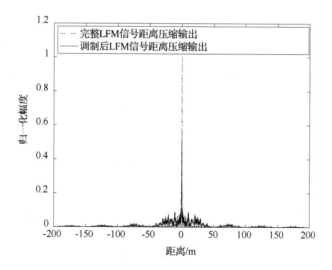

图 6.9　完整的 LFM 信号和调制的 LFM 信号的距离压缩输出

与此类似，在二维匹配滤波后，沿方位向形成一系列条带状区域，区域中心位置表示为

$$R_a = \pm \frac{(2m+1)vf_1}{2K_a} \tag{6.24}$$

式中，正整数 m 为块状区域沿方位向的阶数，区域主瓣范围为

$$\Delta R_{amain} = \frac{2vf_1}{K_a} \tag{6.25}$$

调制频率 f_1 应该满足 $\Delta R_{amain} > L_a$，即

$$f_1 > \frac{K_a L_a}{2v} \tag{6.26}$$

6.2.2.3　SAR 数据实验与性能评估

仍然采用 6.2.1.3 节的 SAR 实测数据进行相关特性验证，利用随机编码调制替换周期调制过程，观察并分析相应结果。根据 3.4.1.3 节对于目标特征变换模型评估指标的描述，这里用目标图像抑制比及相关系数进行定量评估。

图 6.10 给出了不同 AFSS 随机编码调制参数下的成像结果。首先，在图 6.10（a）中给出 τ=0.025μs，β=0.5，η=1，x=0.1 的一维距离向 AFSS 调制结果。条带状区域在图像中形成，其主覆盖范围沿距离向约为 80m。SAR 图像中的飞机目标特征并未完全消除，因为距离压缩输出仍具有峰值。根据式（3.15）和式（3.17），此时目标图像抑制比为 4.4022dB，与调制前图像相关系数为 0.9911。图 6.10（b）中给出了 f_1=20Hz，β=1，η=0.5，x=0.1 的一维方位向 AFSS 调制结果。沿方位向形成了约 80m 的条带状区域，但是在 SAR 图像中可以看到飞机目标的总体轮廓。此时目标图像抑制比为 4.4432dB，与调制前图像相关系数为 0.9918。

上面从一维调制的角度进行了分析，其调制后目标特征并没有完全消除，下面对 AFSS 二维调制进行进一步研究。图 6.10（c）给出 τ=0.025μs，f_1=20Hz，β=0.5，η=0.5，x=0.1 的二维 AFSS 随机编码调制结果。十字状亮线在原始目标位置处形成，其沿距离向和方位向的长度都为 80m。由于目标调制后的区域散焦，无法看到飞机目标的总体轮廓。此时目标图像抑制比为 8.0353dB，目标区域图像强度明显减弱，与调制前图像相关系数为 0.9877，相关系数变小，干扰前后统计上相关性变低。改变码元宽度 τ 和调制频率 f_1，τ=0.5μs，f_1=10Hz，β=0.5，η=0.5，x=0.1 的调制图像如图 6.10（d）所示。沿距离向和方位向变换后的区域变小，十字状区域的长度都为 40m。此时目标图像抑制比为

6.1771dB，与调制前图像相关系数为 0.9926。因此，随着码元宽度增大和方位向调制频率减小，干扰性能变差。

图 6.10（e）和图 6.10（c）呈现出具有不同占空比 β 和 η 的调制图像。当 β=0.25 且 η=0.25 时，十字状区域的幅值减小。此时目标图像抑制比为 16.4323dB，目标区域图像强度缩减度最大，与调制前图像相关系数为 0.9886。图 6.10（f）给出了 τ=0.025μs，f_i=20Hz，β=0.5，η=0.5，x=0.33 的原始图像的调制结果。从图中可以看出，十字状区域的幅值增加了，但是可以在 SAR 图像中看到飞机目标的大致轮廓。此时目标图像抑制比为 6.5919dB，目标区域图像强度缩减度减弱，与调制前图像相关系数为 0.9903。因此，干扰性能与吸波系数 x 呈负相关。

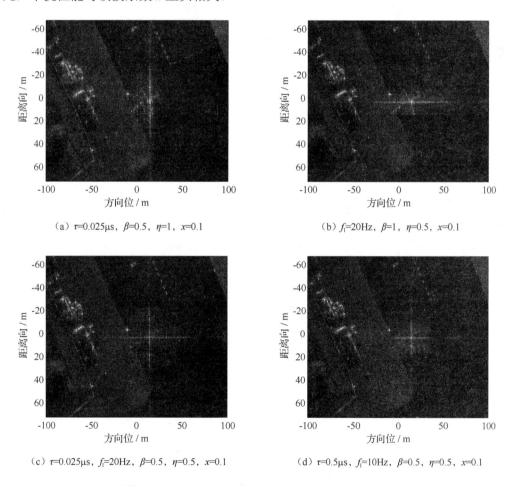

（a）τ=0.025μs，β=0.5，η=1，x=0.1　　　　　　（b）f_i=20Hz，β=1，η=0.5，x=0.1

（c）τ=0.025μs，f_i=20Hz，β=0.5，η=0.5，x=0.1　　　　（d）τ=0.5μs，f_i=10Hz，β=0.5，η=0.5，x=0.1

图 6.10　不同 AFSS 随机编码调制参数下的成像结果

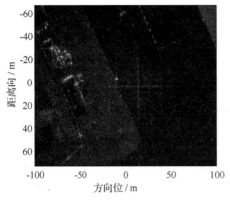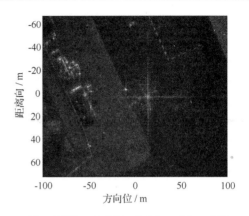

（e）τ=0.025μs，f_1=20Hz，β=0.25，η=0.25，x=0.1   （f）τ=0.025μs，f_1=20Hz，β=0.5，η=0.5，x=0.33

图 6.10   不同 AFSS 随机编码调制参数下的成像结果（续）

不同调制参数下目标图像抑制比与相关系数如表 6.1 所示。

表 6.1   不同调制参数下目标图像抑制比与相关系数

组别	距离向调制参数	方位向调制参数	吸波系数	目标图像抑制比	相关系数
无调制	无	无	无	无	无
（a）	τ=0.025μs，β=0.5	无	0.1	4.4022 dB	0.9911
（b）	无	f_1=20Hz，η=0.5	0.1	4.4432 dB	0.9918
（c）	τ=0.025μs，β=0.5	f_1=20Hz，η=0.5	0.1	8.0353 dB	0.9877
（d）	τ=0.5μs，β=0.5	f_1=10Hz，η=0.5	0.1	6.1771 dB	0.9926
（e）	τ=0.025μs，β=0.25	f_1=20Hz，η=0.25	0.1	16.4323 dB	0.9886
（f）	τ=0.025μs，β=0.5	f_1=20Hz，η=0.5	0.33	6.5919 dB	0.9903

6.3   基于相位调制表面的 SAR 干扰方法

6.2 节已经对基于时间调制 AFSS 反射器的合成孔径雷达图像调制方法进行了研究，其本质是一种对雷达信号的幅度调制。基于幅度调制信号本身的频谱特性，零阶峰依然存在且输出峰值最大，导致经成像处理后图像真实目标位置输出峰不能得到消隐，不利于真实目标的保护。同时，"1-x"幅度调制信号当处于低散射调制时，必然会存在信号能量的损失。由于无源干扰本身存在能量不足的问题，因此实现现有能量利用的最大化，尤为重要。

在 5.3 节对 PSS 相位调制信号的分析中，PSS 调制波形能够实现零阶峰的消隐。同时，相位调制在不同状态切换时都处于高散射状态，只是存在相位的不同，能量利用率高，有利于对目标的有效防护。

本节利用 PSS 独特的信号调制特性，研究基于 PSS 的合成孔径雷达图像调制方法，包括高分辨距离像欺骗、二维图像特征欺骗、目标特征变换和二维图像特征压制方法，并通过实测数据仿真验证了所提方法的有效性。

6.3.1　高分辨距离像欺骗干扰方法

宽带成像雷达通过处理目标回波，可以形成目标的高分辨一维距离像（High-Resolution Range Profile，HRRP）。HRRP 通常包含目标尺寸、散射中心分布等信息，是目标识别的重要信息来源，越来越受到目标识别领域的重视。在军事对抗领域，为有效削弱敌方雷达对目标的 HRRP 成像和识别能力，通常采用产生 HRRP 欺骗的干扰方法。这些方法可以产生与真实目标高度相似的虚假目标，这些方法的好处主要有两方面：一是真实目标的 HRRP 信息被保留在虚假目标的 HRRP 中，可以迷惑敌方雷达；二是多个虚假目标可以消耗敌方雷达的有限资源，使其难以识别真实目标。当 PSS 工作于周期状态时，当其调制频率小于接收机带宽时，PSS 反射的间歇调制信号经过雷达接收机处理后会出现多个虚假峰值点。考虑到 PSS 间歇调制信号的这一特性与 HRRP 欺骗干扰效果十分类似，将 PSS 应用于对成像雷达实施 HRRP 欺骗干扰。

6.3.1.1　干扰机理

基于 PSS 的 HRRP 欺骗干扰方法通过将 PSS 布设在目标表面来实现。通常情况下，PSS 在被保护目标的布设方式可以分为两种：一是直接将 PSS 覆盖于目标表面上；二是将 PSS 覆盖于目标表面的边界上。两种方式均可以有效降低目标的散射，但是覆盖在边界上不适用于这里所提的干扰方法，原因在于未覆盖部分目标的回波直接返回雷达而没有经过 PSS 调制，难以在雷达处形成干扰。因此，我们采用 PSS 覆盖在目标表面的方法。随机编码调制不适合用于欺骗干扰方法，原因在于随机编码调制带来的扩谱效应导致匹配滤波器输出端的峰值点主瓣宽度变大、幅度变小，相当于成像效果出现散焦。

对基于 PSS 的欺骗干扰而言，目标电磁散射特性等信息的调制过程由目标表面 PSS 本身完成，利用 PSS 对电磁波的散射代替目标对电磁波的散射，调制过程不需要人工参与。相比传统有源欺骗干扰方法的数字图像合成技术来说，目标电磁特性调制过程实时完成且更加精确；与散射波干扰相比，不存在路程劣势，也不存在虚假图像旋转的问题。

为分析对成像雷达的影响，需要分析干扰信号及其经过成像处理后的输出。将发射信号表示为

$$s\left(\hat{t}, t_{\mathrm{m}}\right) = \mathrm{rect}\left(\frac{\hat{t}}{T_{\mathrm{P}}}\right) \exp\left[\mathrm{j}2\pi\left(f_0 t + \frac{1}{2}K_{\mathrm{r}}\hat{t}^2\right)\right] \tag{6.27}$$

式中，t 表示快时间；t_{m} 表示慢时间。经过 PSS 调制后形成的干扰信号经过接收机混频后在二维图像成像处理输入端可表示为

$$\begin{aligned}
s_{\mathrm{J}}\left(\hat{t}, t_{\mathrm{m}}\right) &= \exp\left[\frac{-4\pi\mathrm{j}R_0\left(t_{\mathrm{m}}\right)}{\lambda}\right] \exp\left[-\mathrm{j}\pi K_{\mathrm{r}}\left(t - \frac{2R_{\mathrm{p}}\left(t_{\mathrm{m}}\right)}{c}\right)\right] \times \\
&\quad \left[B_0 + \sum_{\substack{n=-N \\ n\neq 0}}^{+N} B_n \exp\left(\mathrm{j}2n\pi f_{\mathrm{s}}\left(t - \frac{2R_{\mathrm{p}}\left(t_{\mathrm{m}}\right)}{c}\right)\right)\right]
\end{aligned} \tag{6.28}$$

式（6.28）等号右边第一项是方位向慢时间二次项，是方位向脉冲压缩成像的基础；第二项是距离向快时间二次项，是距离向脉冲压缩成像的基础；第三项是距离向快时间一次项，代表 PSS 对回波信号的频率调制。显然，PSS 形成回波干扰信号距离向和方位向间无耦合现象，这种特性将使干扰的雷达图像仅保持距离向多假目标的特征，方位向则保持真实目标的特征，因此形成逼真的二维多假目标欺骗干扰。

对于一个包含多个散射中心的复杂目标来说，需要多个 PSS 共同完成干扰。由于目标的 HRRP 可以等同于目标上各个散射中心的 HRRP 之和，因此被多个 PSS 覆盖的目标的 HRRP 也可以表示为各个 PSS 的 HRRP 之和。各个 PSS 采用相同的周期调制序列，且调制频率 f_{s} 小于信号带宽 B，即 $f_{\mathrm{s}}<B$。其中单个 PSS 的间歇调制信号经过处理后得到的基带复信号为

$$r_{\mathrm{base}}(t) = \mu(t) \exp\left(\mathrm{j}\pi K_{\mathrm{r}} t^2\right) \sum_{\substack{n=-N \\ n\ \mathrm{odd}}}^{+N} \frac{2}{n\pi} \exp\left(\mathrm{j}2\pi n f_{\mathrm{s}} t\right) \tag{6.29}$$

基带复信号经过脉冲压缩后输出的单个 PSS 的 HRRP 可表示为

$$I_{\mathrm{base}}(t) = \sum_{\substack{n=-N \\ n\ \mathrm{odd}}}^{+N} \frac{2}{n\pi}\left(1 - \frac{|nf_{\mathrm{s}}|}{B}\right) \mathrm{sinc}\left[K_{\mathrm{r}}T_{\mathrm{p}}\left(t + \frac{nf_{\mathrm{s}}}{K_{\mathrm{r}}}\right)\right] \tag{6.30}$$

从式（6.30）可以看出，第 n 阶虚假 HRRP 位于距离 $r = -\dfrac{cnf_{\mathrm{s}}}{2K_{\mathrm{r}}}$ 处，幅度为

$\dfrac{1}{\pi n}\left(1-\cos\left(\dfrac{2n\pi\tau}{T}\right)\right)\left(1-\dfrac{|nf_{\mathrm{s}}|}{B}\right)$。真实目标位置处无 HRRP 出现，这是因为 $n=0$ 处分量不存在。

6.3.1.2　干扰要素分析

为了保证各虚假 HRRP 之间不发生混叠，需要通过合理设定调制频率 f_{s} 来确定各阶假目标的位置，假设真实目标的 HRRP 总长度为 L，根据式（6.30），相邻阶虚假 HRRP 间的距离为 $\Delta r=\dfrac{cf_{\mathrm{s}}}{2K_{\mathrm{r}}}$，则 PSS 的调制频率 f_{s} 应当选择使 $\Delta r>\dfrac{L}{2}$ 满足，从而得到调制频率 f_{s} 需要满足：

$$f_{\mathrm{s}}>\frac{L\times K_{\mathrm{r}}}{c} \tag{6.31}$$

由于多个 PSS 同时用于保护目标，雷达入射信号极有可能经过不止一个 PSS 的散射后返回雷达，也就是需要经过多次 PSS 的调制。从隐身角度来说，处于周期调制状态的 PSS 经过多次散射容易造成目标暴露，而非周期调制更适用于解决多次散射带来的目标暴露问题。但从干扰角度来说，周期调制是可以满足条件的，各个 PSS 可以处于同步工作的状态。下面分析其原理，假设连续经历过 M 次 PSS 散射的信号为

$$r_M(t)=A\times s(t)\times\underbrace{p(t_0)\times p(t-t_1)\times\cdots\times p(t-t_{M-1})}_{M} \tag{6.32}$$

式中，参数 A 表示多次散射带来的幅度衰减；$t_i(1\leqslant i\leqslant M-1)$ 表示相邻 PSS 之间的传播时延，多次散射后的信号频带仍位于调制周期 f_{s} 的整数倍处。其中，奇数阶假目标经过匹配滤波后不会影响干扰效果。偶数阶假目标需要考虑参数 A 的大小，如果多次散射后 A 值较小，则对干扰效果影响不大；如果多次散射后 A 值较大，则为了满足虚假 HRRP 不发生混叠，调制频率 f_{s} 的范围应当修改为

$$f_{\mathrm{s}}>\frac{L\times K_{\mathrm{r}}}{2c} \tag{6.33}$$

在实际应用中，由于 PSS 是有损耗介质，因此 A 值一般较小，多次散射造成的偶数阶峰值点不会影响干扰效果。为了保证干扰效果，A 值一般可以在 PSS 安装到目标表面后进行实际测量，从而优化结构以减小多次散射对干扰效果的影响。

6.3.1.3　仿真实验结果与分析

为验证上述理论分析，下面利用仿真数据验证基于相位调制表面间歇调制的欺骗干

扰方法。首先模拟一个理想点目标的 HRRP 和一个 PSS 调制产生的虚假点目标 HRRP，选取 X 波段雷达系统参数如下：载频为 5.52GHz（$\lambda_c \approx 5.40\text{cm}$），信号带宽为 400MHz，脉宽为 25.6μs。PSS 调制频率设定为 2MHz。理想点目标真假 HRRP 对比如图 6.11 所示。

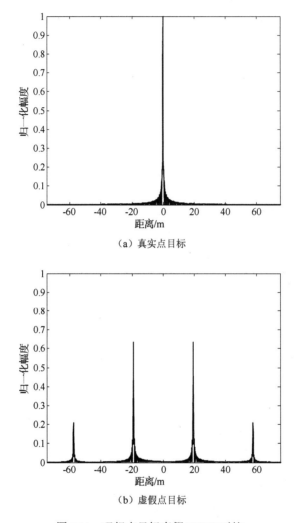

（a）真实点目标

（b）虚假点目标

图 6.11　理想点目标真假 HRRP 对比

图 6.11（b）表明经过 PSS 调制后，出现了多个虚假点目标 $n = \pm 1, \pm 3$，并以真实目标所在位置为中心呈对称分布，各阶假目标的分布位置和幅度与 6.3.1.2 节理论分析的一致。另外，真实点目标的 HRRP 被消隐，在 $r=0$ 处无峰值出现。

为了仿真多个散射点的复杂目标，Yak-42 飞机模板用来模拟实际飞机目标，该模板的 HRRP 长度大约为 30m，仿真参数与点目标仿真参数相同。真实多散射点目标如图 6.12（a）所示，可以看出，目标由多个散射点构成，主要分布区域反映出目标的 HRRP

长度约为 30m。图 6.12 (b) 是经过 PSS 调制干扰后的虚假多散射点目标，可以看出，经过雷达成像处理后多个虚假 HRRP 出现，且 HRRP 分布规律与真实目标高度相似，其分布特性和幅度特性与 6.3.1.2 节理论分析的一致。

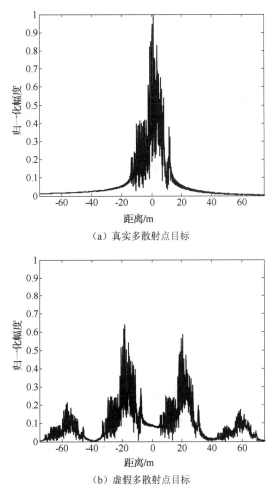

（a）真实多散射点目标

（b）虚假多散射点目标

图 6.12　多散射点目标真假 HRRP 对比

为了分析基于 PSS 的干扰方法中调制频率对干扰效果的影响，设定 PSS 调制频率分别为 1MHz、3MHz、5MHz，占空比设定为 50%。

从上述仿真结果中可以看出，基于 PSS 的一维图像欺骗干扰方法产生的虚假一维距离像受调制频率影响。占空比为 50%，依照理论分析可以知道，当调制频率小于信号带宽时可以产生对称分布的虚假目标距离像，此时真实目标距离像不可见，虚假目标中-1阶和+1 阶虚假距离像幅度最强，距离真实目标最近，而在距离真实目标较远的虚假距离像幅度则下降得很快；随着调制频率的增加，虚假距离像距离目标真实位置越远，这与理论分析所得到的结论是一致的。另外，从图 6.13（a）中可以看出，当调制频率较小时，-1 阶和+1 阶虚假距离像中心距离小于距离像总长度，会导致-1 阶和+1 阶虚假距离像发生混叠。虽然这种现象会导致-1 阶和+1 阶虚假距离像被破坏，但此时混叠后的一维距离像仍可以形成与真实目标迥异的虚假目标，且可以破坏雷达对目标的距离像识别。

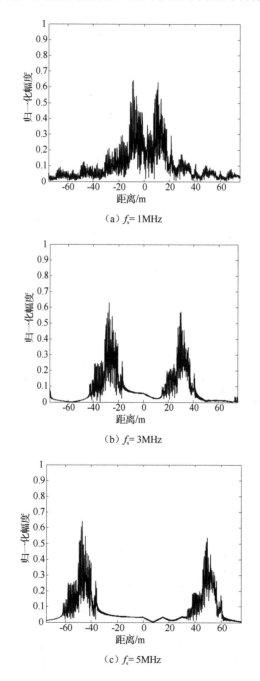

（a）f_s = 1MHz

（b）f_s = 3MHz

（c）f_s = 5MHz

图 6.13   不同调制频率下 PSS 一维欺骗干扰成像

为了验证占空比对基于 PSS 的欺骗干扰方法的影响，设定三组占空比分别为 0.5、0.3 和 0.1，调制频率设定为 4MHz。

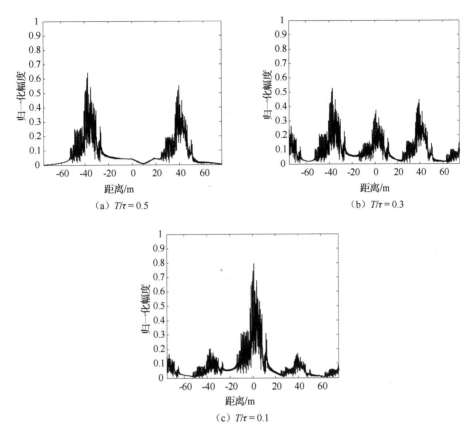

图 6.14 不同占空比下 PSS 一维欺骗干扰成像

从上述仿真结果分析可知，PSS 一维欺骗干扰效果受到占空比的影响。调制频率为 4MHz，根据理论分析，当占空比不为 0.5 时，真实目标的距离像不能被完全消隐，其幅度与理论分析结果一致。需要说明的是，当占空比不为 0.5 时，−1 阶和+1 阶虚假距离像会随着调制频率的减小逐渐向真实目标距离像靠拢，直至接近交叠，此时同样改变了真实目标的距离像，干扰了雷达对目标的识别。

6.3.2 SAR 二维图像特征欺骗方法

6.3.2.1 信号模型

在 SAR 成像模型中，二维匹配滤波算法被利用进行对目标的高分辨成像，而这里解线性调频（dechirp）脉冲压缩方法被利用代替距离向匹配滤波方法。使用 dechirp 处理方法对具有不同时延的宽带 LFM 信号进行脉冲压缩，这可以实现高分辨成像并减少雷达接收机的带宽。

假设 SAR 发送的 LFM 脉冲波形，LFM 信号可以写为

$$s\left(\hat{t},t_{\mathrm{m}}\right)=\mathrm{rect}\left(\frac{\hat{t}}{T_{\mathrm{P}}}\right)\exp\left[\mathrm{j}2\pi\left(f_0 t+\frac{1}{2}K_{\mathrm{r}}\hat{t}^2\right)\right] \tag{6.34}$$

SAR 成像目标是由 PSS 制成的复杂目标，目标里面的 PSS 进行二维调制。总图像调制可以等效于目标上所有散射点的调制函数之和。假设目标上有 I 个散射点，PSS 调制信号为 $a(\hat{t},t_{\mathrm{m}})$，则已调信号可表示为

$$r\left(\hat{t},t_{\mathrm{m}}\right)=a(\hat{t},t_{\mathrm{m}})\sum_{i=1}^{I}\sigma_i\,\mathrm{rect}\left(\frac{\hat{t}-2R_i/c}{T_{\mathrm{P}}}\right)\times$$
$$\exp\left\{\mathrm{j}2\pi\left[f_0\left(t-\frac{2R_i}{c}\right)+\frac{1}{2}K_{\mathrm{r}}\left(\hat{t}-\frac{2R_i}{c}\right)^2\right]\right\} \tag{6.35}$$

式中，R_i 为在时刻 t_{m} 从第 i 个散射点到雷达的距离；σ_i 为第 i 个散射点的散射系数；c 为电磁波的传播速度。

参考信号可以写成

$$s_{\mathrm{ref}}\left(\hat{t},t_{\mathrm{m}}\right)=\mathrm{rect}\left(\frac{\hat{t}-2R_{\mathrm{ref}}/c}{T_{\mathrm{P}}}\right)\times$$
$$\exp\left\{\mathrm{j}2\pi\left[f_0\left(t-\frac{2R_{\mathrm{ref}}}{c}\right)+\frac{1}{2}K_{\mathrm{r}}\left(\hat{t}-\frac{2R_{\mathrm{ref}}}{c}\right)^2\right]\right\} \tag{6.36}$$

式中，R_{ref} 为参考距离，经过混频处理并补偿了残余视频相位项后，可以将已调信号写为

$$r_{\mathrm{d}}\left(\hat{t},t_{\mathrm{m}}\right)=\sum_{i=1}^{I}\sigma_i\,\mathrm{rect}\left(\frac{\hat{t}-2R_i/c}{T_{\mathrm{P}}}\right)a(\hat{t},t_{\mathrm{m}})\times$$
$$\exp\left[\frac{\mathrm{j}4\pi K_{\mathrm{r}}}{c}\left(R_{\mathrm{ref}}-R_i\right)\hat{t}\right]\exp\left[\frac{\mathrm{j}4\pi f_0}{c}\left(R_{\mathrm{ref}}-R_i\right)\right] \tag{6.37}$$

式中，第一个 exp(·)表示函数随时间快速变化，这是距离压缩的基础；第二个 exp(·)函数反映了不同脉冲时刻的多普勒频移，用于获得 ISAR 图像的方位向高分辨。

对式（6.37）进行傅里叶变换（FT），并补偿距离偏移，获得距离域的高分辨，对获得的信号继续执行慢时间 FT，即可获得二维图像。

6.3.2.2　二维假目标能量分配方法

6.3.2.1 节介绍了基于 AFSS 周期二维调制的图像特征欺骗方法，其能够形成距离向和方位向的特征欺骗效果。但存在以下问题，由于信号本身的限制，原始真实目标位置处的目标仍然存在，通过改变 K_r，真实目标仍出现在相同位置，而假目标位置将发生相应变化。利用这种抗干扰措施，能够有效鉴别出真假目标。

本节提出了一种新的 PSS 二维图像特征欺骗方法，能够实现真实目标位置的消隐，下面将对欺骗方法进行详细分析。

（1）信号建模。

如图 6.15 所示，PSS 调制信号由快时间（脉冲内）信号和慢时间（脉冲间）信号 $a(t_m)$ 组成，该信号被视为在脉冲内幅度系数 +1 和 −1 之间周期性切换，T_s 是切换周期，τ 是 +1 的持续时间。根据 PSS 理论，快时间域中 PSS 的调制信号可表示为

$$a\left(\hat{t}\right) = \frac{2\tau}{T_s} - 1 + \sum_{n=1}^{+\infty} \frac{2}{n\pi}\left(1 - \cos\left(\frac{2n\pi\tau}{T_s}\right)\right)\sin\left(2\pi n f_s \hat{t}\right) \tag{6.38}$$

式中，f_s 是 PSS 的开关（或调制）频率，满足 $f_s = 1/T_s$，而 τ/T_s 是调制占空比。通过傅里叶变换，可以将信号的频谱写为

$$A(f) = \left(\frac{2\tau}{T_s} - 1\right)\delta(f) + \sum_{\substack{-\infty \\ n \neq 0}}^{+\infty} \left|\frac{2}{n\pi}\right|\left(1 - \cos\left(\frac{2n\pi\tau}{T_s}\right)\right)\delta(f - n f_s) \tag{6.39}$$

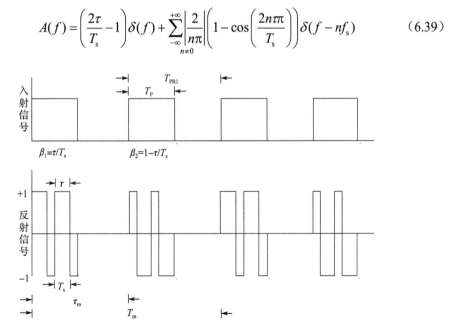

图 6.15　PSS 二维调制波形

根据式（6.39），调制信号的频谱包含在开关频率 f_s 的谐波处的边带。为了避免被雷达系统检测和识别，开关频率应满足 $f_s > B$，以将所有反射信号边带置于接收机通带之外。在本节中，将开关频率设置为 $f_s < B$，使反射信号频谱在雷达接收机的通带内。

为了实现二维调制，调制占空比 $a(t_m)$ 在原始双极性波形的基础上在脉间周期性地调制，即在 τ/T_s 和 $1-\tau/T_s$（$0.5 \leqslant \tau/T_s \leqslant 1$）周期性切换。开关周期为 T_m，慢时间的调制频率为 $f_m = 1/T_m$，τ/T_s 脉冲持续时间为 τ_m，$\tau_m/T_m = 0.5$。$q(t_m)$ 可以写成

$$q(t_m) = \frac{1}{2} + \left(\frac{\tau}{T_s} - \frac{1}{2} \right) \sum_{m=1}^{+\infty} \frac{2 \left[1 - \cos(m\pi) \right] \sin(2\pi m f_m t_m)}{m\pi} \tag{6.40}$$

二维调制信号可以进一步表示为

$$a(\hat{t}, t_m) = 2q(t_m) - 1 + \sum_{n=1}^{+\infty} \frac{2 \left[1 - \cos(2n\pi q(t_m)) \right] \sin(2\pi n f_s \hat{t})}{n\pi} \tag{6.41}$$

将式（6.41）代入式（6.37），并进行傅里叶变换，二维图像的最终结果表示为

$$I_r(R_r, R_a) = \sum_{i=1}^{I} \sigma_i T_p T_L$$

$$\left\{ \begin{array}{l} \dfrac{2\tau}{T_s} - 1 + \displaystyle\sum_{\substack{n=-N \\ n \neq 0}}^{+N} \dfrac{1}{n\pi} \left(1 - \cos\left(\dfrac{2n\tau\pi}{T_s} \right) \right) \left(1 - \dfrac{|n f_s|}{B} \right) \cdot \\[4mm] \mathrm{sinc} \left[\dfrac{2B}{c} \left(R_r - \dfrac{c n f_s}{2 K_r} + \dfrac{R_{ref} - R_i}{2} \right) \right] \end{array} \right\} \tag{6.42}$$

$$\left\{ \begin{array}{l} 1 + \displaystyle\sum_{\substack{m=-M \\ m \neq 0}}^{+M} \dfrac{1}{m\pi} \left[1 - \cos(m\pi) \right] \left(1 - \dfrac{|m f_m|}{B_m} \right) \cdot \\[4mm] \mathrm{sinc} \left[\dfrac{K_a T_L}{v} \left(R_a - \dfrac{m v f_m}{K_a} - \dfrac{c f_{id}}{2 w f_0} \right) \right] \end{array} \right\}$$

式中，w 是目标旋转速率；T_L 是成像累积时间；f_{id} 是第 i 个散射点的多普勒频率。考虑到目标上的一个散射点，它可以形成一系列点状假目标，每个点状假目标对应一个 sinc 峰。当对目标上的所有散射点进行调制时，将生成的点状虚假目标叠加在 SAR 图像上，并形成具有目标散射特性的多个虚假目标。

（2）特性分析。

根据式（6.42），当 $R_r = \dfrac{n c f_s}{2 K_r}$ 和 $R_a = \dfrac{m v f_m}{K_a}$ 时，图像输出出现尖峰。因此，成像结果包含许多 sinc 峰，并且可以视为沿距离向和方位向的许多虚假目标。

在基于 AFSS 的二维图像特征欺骗方法中，已经对假目标位置信息进行了详细的分析，本方法在空间分布方面与其较为相似，这里就不做过多描述了，下面将从目标分布幅度信息进行详细分析。

由于 $\tau_m/T_m = 0.5$，目标所在位置幅度系数为 0，真实目标得到了消隐。沿距离向的假目标的幅度系数为

$$A_n = \frac{1}{n\pi}\left[1 - \cos\left(\frac{2n\tau\pi}{T_s}\right)\right]\left(1 - \frac{|nf_s|}{B}\right) \tag{6.43}$$

沿方位向的假目标的幅度系数为

$$A_m = \frac{1}{m\pi}\left(\frac{2\tau}{T_s} - 1\right)\left[1 - \cos(m\pi)\right]\left(1 - \frac{|mf_m|}{B_m}\right) \tag{6.44}$$

从前面分析可知，三角窗函数 $\left(1 - \dfrac{|nf_s|}{B}\right)$ 和 $\left(1 - \dfrac{|mf_m|}{B_m}\right)$ 在幅度系数中占很小的比重，起主要作用的为 sinc 级数。联立式（6.43）和式（6.44）可以看出，占空比 τ/T_s 在幅度系数中起决定性作用。因调制前目标总能量一定，而调制过程中信号系数的绝对值为 1，因此占空比可引起距离向和方位向能量占比的变化。

（3）仿真验证。

为了进一步验证能量分配关系，本节利用点目标和剖面仿真进行验证。首先，对点目标的二维图像进行仿真，以证明占空比 τ/T_s 对虚假目标分布的影响。表 6.2 所示为点目标仿真参数。

表 6.2　点目标仿真参数

参数（单位）	数值	参数（单位）	数值
f_0（GHz）	2	B_m（Hz）	66.67
B（MHz）	150	T_P（μs）	1
K_r（Hz/s）	1.5×10^{14}	K_a（Hz/s）	33.33
v（m/s）	100	T_L（s）	2
f_s（MHz）	10	f_m（Hz）	3.33

图 6.16（a）呈现了没有 PSS 调制的点目标的成像结果。在 PSS 调制中，调整占空比 τ/T_s 以获得不同的干扰效果。图 6.16（b）给出了由 PSS 保护的点目标的成像结果，$\tau/T_s = 0.75$。可以看出，所产生的多个假目标沿着距离向和方位向对称地分布在真实目标周围，同时，真实目标得到了消隐。从图 6.16（c）可以看出，当 $\tau/T_s = 0.5$ 时，这些假目

标沿着距离向对称地分布，而方位向无假目标。从图 6.16（d）可以看出，当 τ/T_s=1 时，生成的多个假目标仅在方位向出现。

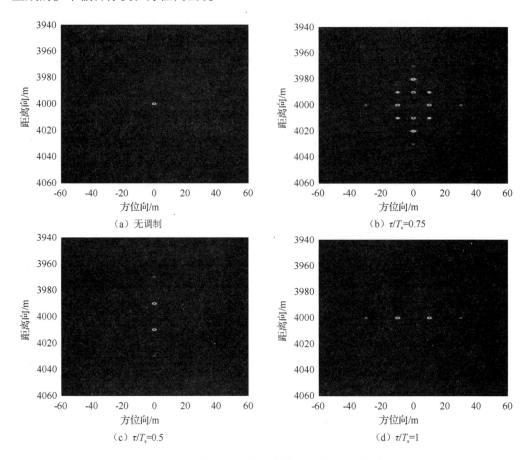

图 6.16　不同 PSS 调制占空比下点目标成像结果

上述仿真结果证明，通过改变占空比 τ/T_s 可以实现假目标距离向、方位向及二维假目标之间的灵活切换，下面通过一维剖面图更好地验证假目标能量分配特性。

在相同的仿真场景中，图 6.17 给出了不同占空比 τ/T_s 的点目标场景中心的距离向和方位向切面。从图 6.17（a）可知，一阶虚假目标都沿距离向和方位向分布位于 ±10m 处，满足 $R_r=ncf_s/2K_r$ 和 $R_a=mvf_m/K_a$。当 τ/T_s=0.75 时，低阶虚假目标的峰值幅度沿距离向和方位向大致相同。从图 6.17（b）可以看出，当 τ/T_s =0.6 时，假目标沿距离向的峰值幅度要比沿方位向的峰值幅度大很多。相反，在图 6.17（c）中，当 τ/T_s=0.9 时，虚假目标沿距离向的峰值幅度远小于沿方位向的峰值幅度。

因此，根据式（6.43）、式（6.44）及仿真结果，通过控制占空比 τ/T_s，可以实现对二维虚假目标沿距离向和方位向的幅度控制，即能量分配。

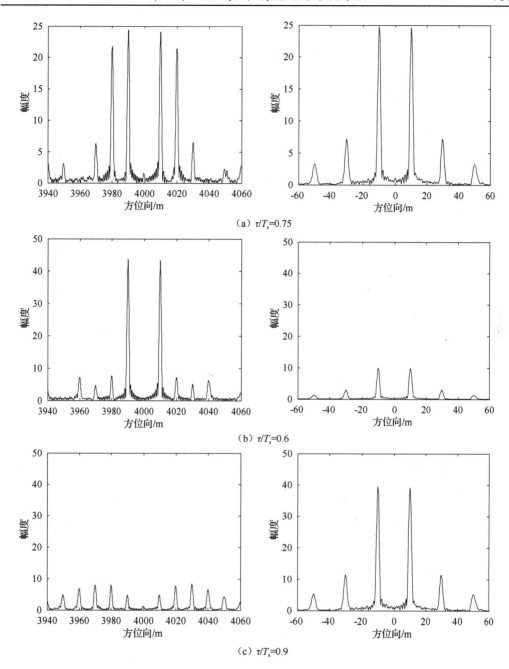

图 6.17　不同占空比 τ / T_s 的点目标场景中心的距离向和方位向切面

6.3.3　SAR 目标特征变换方法

6.3.3.1　信号建模及特性分析

6.2.2 节中已经对雷达目标特征消隐方法做了详细的描述，基于 AFSS "1–x" 随机编码调制模型能够有效改变 SAR 图像雷达目标特征，但"1-x"信号谱中心出现尖峰，导致调制后 SAR 图像目标位置仍会出现一道亮线，其幅值会高于周围场景，有经验的判图员会对此区域产生疑惑，不利于保护目标的伪装。因此，需要想办法寻找新的波形以减少保护目标所在区域亮线。

PSS "+1 -1" 随机编码波形频谱中心尖峰消失，同时具有更高的能量利用率，如将其应用于目标特征变换，有望得到更加理想的效果。

雷达发射信号波形不变，仍为宽带 LFM 信号，其可表示为

$$s\left(\hat{t}, t_{\mathrm{m}}\right) = \mathrm{rect}\left(\frac{\hat{t}}{T_{\mathrm{P}}}\right)\exp\left[\mathrm{j}2\pi\left(f_0 t + \frac{1}{2}K_{\mathrm{r}}\hat{t}^2\right)\right] \tag{6.45}$$

调制信号采用 6.3.4 节的随机编码 PSS 信号，假设快时间调制信号为 $h(\hat{t})$，慢时间调制信号 $h(t_{\mathrm{m}})$ 可表示为

$$h\left(t_{\mathrm{m}}\right) = \mathrm{rect}\left(\frac{t_{\mathrm{m}} - l\tau_{\mathrm{m}}}{\tau_{\mathrm{m}}}\right)\otimes\sum_{l=0}^{L-1}c_m\delta\left(t_{\mathrm{m}} - l\tau_{\mathrm{m}}\right) \tag{6.46}$$

式中，c_m 为脉间随机编码序列。

发射信号经 PSS 二维调制作用，已调信号可表示为

$$r\left(\hat{t}, t_{\mathrm{m}}\right) = s\left(\hat{t}, t_{\mathrm{m}}\right)\cdot h\left(\hat{t}\right)\cdot h\left(t_{\mathrm{m}}\right) \tag{6.47}$$

雷达接收机处理流程不变，采用二维匹配滤波成像算法。当 $\frac{1}{\tau} < B$ 时，已调信号的主瓣位于雷达接收机通带内。随着码元宽度 τ 的减小，更多的目标信号能量扩展到雷达接收器的通带之外。

由于码序列 $\{c_k\}$、$\{c_m\}$ 的随机特性，图像输出不能进一步以解析表达式的形式呈现。根据 6.3.4 节对随机编码波形的分析和 LFM 信号的匹配滤波特性，距离相干性由于距离压缩处理的失配而被破坏。目标信号的能量被平滑，并且沿距离向形成一些条带状区域。条带状区域的中心位置为 $R_{rn}=\pm(2n+1)c/(4\tau K_{\mathrm{r}})$，变换后的零阶区域的中心位置为 $R_{r0}=0$，主覆盖范围为

$$\Delta R_{\mathrm{rmain}} = \frac{c}{\tau K_{\mathrm{r}}} \tag{6.48}$$

图 6.18（a）给出了 τ=0.1μs 的反射信号的距离压缩输出，图像上沿距离向形成了一些条带状区域。中心干扰区域的覆盖范围为 100m，并且幅度大于其他干扰区域，但是由于随机编码 PSS 的失配处理，主瓣峰值输出与入射信号相比遭受较大的幅度损失，

零阶峰值得到消隐。图 6.18（b）给出了反射信号的距离压缩输出，其变成条带状区域，但是当 $\tau=0.002\mu s$ 时通带内的能量很小。这样，通过匹配滤波输出的 sinc 峰经过随机码 PSS 调制后被转换成连续且平滑的条带状区域，目标特征得到了很大的改变。

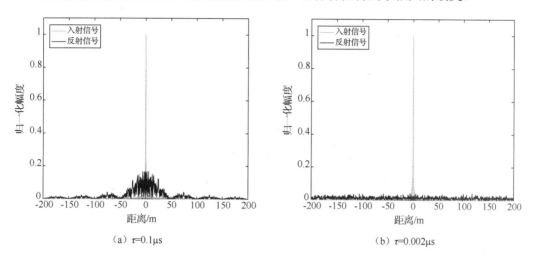

（a）$\tau=0.1\mu s$ （b）$\tau=0.002\mu s$

图 6.18 LFM 信号距离压缩输出

进行方位压缩后，在方位向同样形成条带状区域，区域中心为 $R_{am}=\pm(2m+1)vf_m/2K_a$，中心区域的主瓣宽度表示为

$$\Delta R_{rmain} = \frac{c}{\tau K_r} \tag{6.49}$$

PSS 二维随机编码调制的反射信号经成像处理，矩形区域形成，根据式（6.48）和式（6.49），中心区域面积为

$$S_{main} = \Delta R_{rmain} \cdot \Delta R_{amain} = \frac{2cvf_m}{\tau K_r K_a} \tag{6.50}$$

为了获得有效干扰，调制参数应满足 $\Delta R_{rmain}>L_r$ 和 $\Delta R_{amain}>L_a$，其中 L_r 和 L_a 是真实目标沿距离向和方位向的长度。因此，码元宽度应满足 $\tau < \dfrac{c}{K_r L_r}$，调制频率应满足 $f_m > \dfrac{K_a L_a}{2v}$。此外，主瓣中心的峰值不能太大，因此占空比接近 0.5。

根据以上分析，通过所提出的方法，SAR 图像上的目标特征被破坏并转化为一些条带状区域或矩形区域。因此，难以通过 SAR 图像来区分目标。

6.3.3.2 实测数据验证与性能评估

本节仍然采用美国 Sandia 国家实验室提供的 miniSAR 数据进行验证，其雷达原始图像如图 6.19 所示，被保护的飞机目标位于场景中央，其沿距离向和方位向的长度约为 40m。

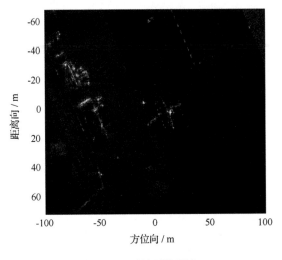

图 6.19　雷达原始图像

对于由多个点散射体组成的飞机目标，将使用多个 PSS 覆盖每个点散射体或某个较强的散射位置。每个 PSS 使用相同的随机码序列并同步切换。根据 6.3.3.1 节的分析，随机码序列应满足 $\tau<0.05\mu s$ 和 $f_m>10Hz$。

信号处理流程与 6.2.2 节中的类似，将 PSS 调制替换里面的 AFSS 调制，利用目标图像抑制比与相关系数观察并分析处理后的图像结果。不同 PSS 参数下调制后的 SAR 图像如图 6.20 所示。

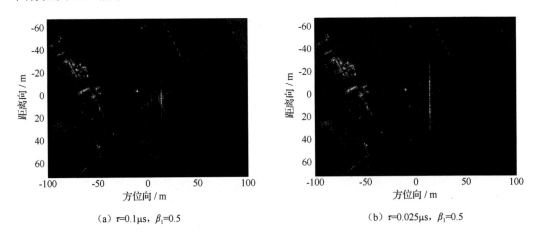

（a）$\tau=0.1\mu s$，$\beta_1=0.5$　　　　　　　　（b）$\tau=0.025\mu s$，$\beta_1=0.5$

图 6.20　不同 PSS 参数下调制后的 SAR 图像

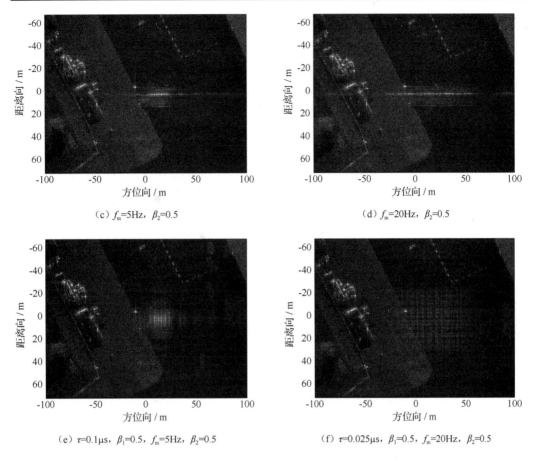

（c）f_m=5Hz，β_2=0.5　　　　　　　　　　　　　（d）f_m=20Hz，β_2=0.5

（e）τ=0.1μs，β_1=0.5，f_m=5Hz，β_2=0.5　　　　（f）τ=0.025μs，β_1=0.5，f_m=20Hz，β_2=0.5

图 6.20　不同 PSS 参数下调制后的 SAR 图像（续）

图 6.20（a）～图 6.20（f）描绘了具有不同调制参数的特征变换图像。首先，比较了不同码元宽度的一维距离向调制。从图 6.20（a）可知，当 τ=0.1μs 且 β=0.5 时，条带状区域的主覆盖范围小于飞机目标沿距离向的长度。由于变换后的条带状区域的能量集中，因此可以清楚地看到飞机目标的总体轮廓。此时目标图像抑制比为 3.6884dB，与调制前图像相关系数为 0.9867。当 τ= 0.025μs 且 β=0.5 时，如图 6.20（b）所示，经变换的条带状区域沿距离向覆盖范围为 80m，无法识别飞机目标。变换后条带状区域的能量均值小于图 6.20（a）中条带状区域能量均值。此时目标图像抑制比为 6.3626dB，与调制前图像相关系数为 0.9718。因此，距离调制频率越大，目标区域图像缩减强度越大，与干扰前图像相关系数越小。

图 6.20（c）～图 6.20（d）呈现了具有不同调制频率 f_m 的一维方位向调制。当调制频率低于阈值时，如图 6.20（c）所示，被变换的条带状区域小于飞机目标沿着方位向的长度，并且干扰效果不明显。此时目标图像抑制比为 3.2655dB，与调制前图像相关系

数为0.9856。图6.20（d）表明，当$f_m=20Hz$和$\beta_2=0.5$时，经变换的条带状区域沿方位向的长度为80m。此时目标图像抑制比为6.1531dB，与调制前图像相关系数为0.9720。因此，方位向调制频率越大，目标区域图像缩减强度越大，干扰效果越好。

最后，在图6.20（e）和图6.20（f）中给出了二维调制的SAR图像结果。二维随机编码PSS调制后形成矩形区域，变换后的中心区域面积分别为1024m²和6400m²。在图6.20（f）中，目标图像抑制比为16.1604dB，与调制前图像相关系数为0.9425，此时目标区域图像缩减强度最大，与未处理的图像差异度也最大。与产生的条带状区域相比，矩形区域的干扰强度较弱，但区域较大。同时，当码元宽度较大且调制频率较小时，变换后的面积较大，这与理论分析相符。不同调制参数下目标图像抑制比与相关系数如表6.3所示。

表6.3　不同调制参数下目标图像抑制比与相关系数

组别	距离向调制参数	方位向调制参数	目标图像抑制比	相关系数
无调制	无	无	无	无
（a）	$\tau=0.1\mu s$，$\beta_1=0.5$	无	3.6884 dB	0.9867
（b）	$\tau=0.025\mu s$，$\beta_1=0.5$	无	6.3626 dB	0.9718
（c）	无	$f_m=5Hz$，$\beta_2=0.5$	3.2655 dB	0.9856
（d）	无	$f_m=20Hz$，$\beta_2=0.5$	6.1531 dB	0.9720
（e）	$\tau=0.1\mu s$，$\beta_1=0.5$	$f_m=5Hz$，$\beta_2=0.5$	8.2785 dB	0.9708
（f）	$\tau=0.025\mu s$，$\beta_1=0.5$	$f_m=20Hz$，$\beta_2=0.5$	16.1604 dB	0.9425

通过SAR实测数据仿真，对于TMR目标特征变换方法得到以下结论。

（1）干扰后图像的相关程度与距离向和方位向调制频率呈负相关，二维调制结果优于一维调制结果。

（2）在相同的调制参数下，相位调制方法优于幅度调制方法，采用相位调制干扰前后图像统计意义上的相关性低。

6.3.4　二维图像特征压制方法

区别于SAR目标特征变换，图像特征压制方法是将时间调制材料制成强反射体置于被保护目标周围，利用强反射体的干扰能量去覆盖被保护目标。具体实施方式是利用电控的方式对PSS的散射特性进行二维随机编码调控，其在SAR图像上形成的干扰区域能够有效覆盖目标图像，从而实现对目标的有效干扰。

6.3.4.1 功率分析

从信号模型的角度，二维图像特征压制方法与目标特征变换方法都是采用 PSS 二维随机编码调制的，其与 SAR 图像产生的效果极为相似。区别在于，二维图像特征压制方法中存在目标信号和干扰信号，而目标特征变换方法只包含经 TMR 变换的干扰信号。分析二维图像特征压制方法，主要从干扰功率和干信比的角度出发，对实施图像特征压制的有效性进行进一步分析。

假设目标回波功率为 P_t，经距离向和方位向匹配滤波后，SAR 图像目标输出功率可表示为

$$P_{ot} = N_a N_r P_t = \frac{N_a N_r P G_t^2 \lambda^2 \sigma_t}{(4\pi)^3 R^4} \tag{6.51}$$

式中，N_r 表示距离向处理增益；N_a 表示方位向处理增益；P 表示 SAR 系统发射信号功率；G_t 表示天线增益；σ_t 表示被保护目标的 RCS；R 表示被保护目标与雷达间距离。TMR 回波信号经 SAR 成像处理后的输出功率为

$$P_{oj} = \frac{N_a N_r P G_t^2 \lambda^2 \sigma_j}{(4\pi)^3 R^4} \tag{6.52}$$

式中，σ_j 为 TMR 的 RCS，主瓣压制区域输出功率为

$$P_{ojmain} = \eta_{main} P_{oj} = \frac{\eta_{main} N_a N_r P G_t^2 \lambda^2 \sigma_j}{(4\pi)^3 R^4} \tag{6.53}$$

式中，η_{main} 代表主瓣区域功率占比，因此求解 η_{main} 是表征本节压制干扰信干比的关键。

式（5.57）给出的 PSS 随机编码脉冲模型可以被视为通信领域中的双极性不归零码，下面对它的统计特性进行分析，其功率谱密度（Power Spectrum Density，PSD）表示为

$$P_{sd}(f) = \frac{4\beta(1-\beta)\left|\tau \cdot \mathrm{sinc}(\tau f)\right|^2}{\tau} + \sum_{n=-\infty}^{\infty} \left|\frac{(2\beta-1)\mathrm{sinc}(n)}{\tau}\right|^2 \delta\left(f - \frac{n}{\tau}\right) \tag{6.54}$$

式中，τ 为码元宽度；β 为编码序列+1 元素所占比例。

由前面对 PSS 随机编码信号匹配滤波结果可知，当 $\beta=0.5$ 时，零阶峰值消失，且主瓣平均功率电平较高，这种情况下压制效果较好，式（6.54）可进一步表示为

$$P_{sd}(f) = \tau \mathrm{sinc}^2(f\tau) \tag{6.55}$$

由图 6.21 可知，PSS 随机编码调制呈现连续调制的特点，当 $f=\pm1/\tau$，$P_{\mathrm{sd}}(f)=0$ 时，其主瓣（阴影区域）的平均功率密度较大，主瓣区域功率占比 η_{main} 可表示为主瓣区域面积占总面积的比值，即

$$\eta_{\mathrm{main}} = \frac{\int_{-1/\tau}^{1/\tau} P_{\mathrm{sd}}(f)\mathrm{d}f}{\int_{-\infty}^{+\infty} P_{\mathrm{sd}}(f)\mathrm{d}f} = \frac{\int_{-1/\tau}^{1/\tau} \dfrac{\sin^2(\pi f \tau)}{f^2}\mathrm{d}f}{\int_{-\infty}^{+\infty} \dfrac{\sin^2(\pi f \tau)}{f^2}\mathrm{d}f} \tag{6.56}$$

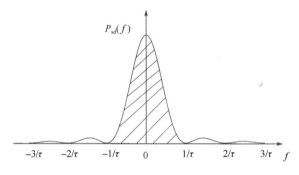

图 6.21   功率谱密度曲线

由 6.3.3 节分析可知，PSS 随机编码调制经二维匹配滤波生成的主瓣压制区域面积可表示为

$$S_{\mathrm{main}} = \Delta R_{\mathrm{rmain}} \cdot \Delta R_{\mathrm{amain}} = \frac{2cvf_{\mathrm{m}}}{\tau K_{\mathrm{r}} K_{\mathrm{a}}} \tag{6.57}$$

若为二维调制，则其主瓣区域功率占比应为距离向主瓣功率占比和方位向主瓣功率占比的乘积，这里定义了压制区域内干信比 $\mathrm{JSR}_{\mathrm{main}}$，其表示为

$$\mathrm{JSR}_{\mathrm{main}} = 10\lg\left(\frac{P_{\mathrm{ojmain}}}{P_{\mathrm{oj}}}\right) = 10\lg\left(\frac{\eta_{\mathrm{rmain}}\eta_{\mathrm{amain}}\sigma_j}{\sigma_{\mathrm{t}}}\right) \tag{5.58}$$

式中，η_{rmain} 和 η_{amain} 分别为距离向主瓣功率占比和方位向主瓣功率占比。

6.3.4.2   仿真分析与性能评估

采用美国 Sandia 国家实验室提供的 miniSAR 数据进行验证，仿真参数与场景不变。首先分析反射器 RCS 与目标 RCS 比值对于压制性能的影响，假设反射器 f_{s}=40MHz，f_{m}=20Hz，占空比都为 0.5。图 6.22 给出了不同 $\sigma_{\mathrm{j}}/\sigma_{\mathrm{t}}$ 下 SAR 图像特征压制的效果。

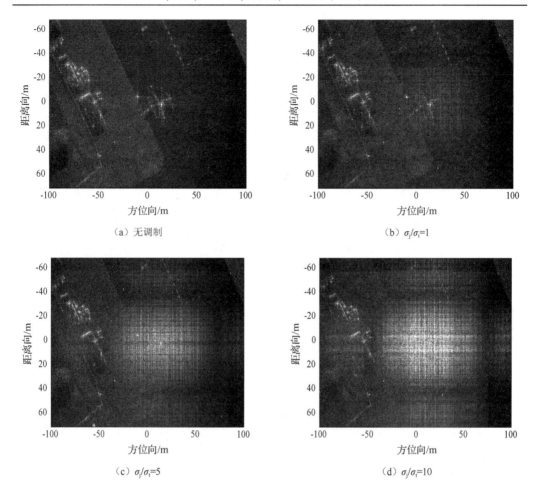

图 6.22　不同 σ_j/σ_t 下 SAR 图像特征压制的效果

如图 6.22（b）所示，当实施二维随机编码 PSS 调制且 σ_j/σ_t=1 时，场景中央的飞机目标被矩形区域覆盖，压制区域面积为 6400m²，此时主瓣区域干信比为-3.346dB，飞机具体轮廓可见，压制效果较差。其他参数不变，σ_j/σ_t=5，如图 6.22（c）所示，飞机轮廓基本被覆盖。在图 6.22（d）中，飞机轮廓完全消失，此时压制效果最佳。不同 σ_j/σ_t 下压制区域面积与干信比如表 6.4 所示。

表 6.4　不同 σ_j/σ_t 下压制区域面积与干信比

组号	σ_j/σ_t	f_s	f_m	S_{main}	JSR_{main}
（b）	1	40MHz	20Hz	6400m²	−3.346dB
（c）	5	40MHz	20Hz	6400m²	2.753dB
（d）	10	40MHz	20Hz	6400m²	5.393dB

下面分析不同调制频率对于图像特征压制效果的影响，包括距离向调制频率 f_s 和方

位向调制频率 f_m。假设此时 $\sigma_j/\sigma_t=5$，图 6.23 给出了不同调制频率下图像特征压制的仿真结果。

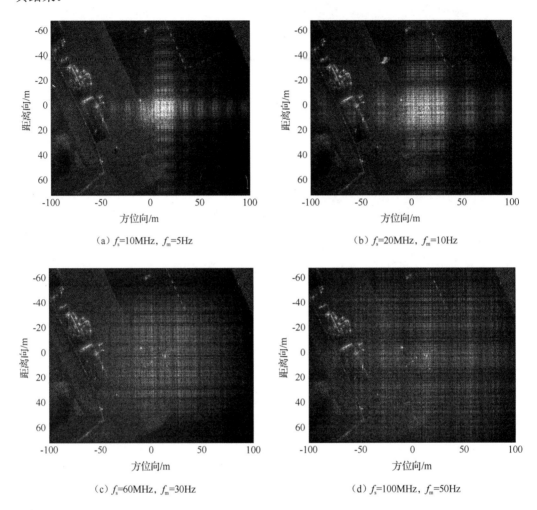

（a）f_s=10MHz，f_m=5Hz　　　　　　　　　　（b）f_s=20MHz，f_m=10Hz

（c）f_s=60MHz，f_m=30Hz　　　　　　　　　　（d）f_s=100MHz，f_m=50Hz

图 6.23　不同调制频率下图像特征压制的仿真结果

如图 6.23（a）所示，当 f_s=10MHz，f_m=5Hz 时，压制区域为 400m²，主瓣压制区域干信比为 1.132dB，目标特征基本消失。如图 6.23（b）所示，当 f_s=20MHz，f_m=10Hz，压制区域为 1600m²，主瓣压制区域干信比为 2.432dB。继续增加调制频率，当 f_s=60MHz，f_m=30Hz，压制区域变为 14400m²，主瓣压制区域干信比为 5.375dB，此时目标特征开始显现，如图 6.23（c）所示。当 f_s=100MHz，f_m=60Hz 时，压制区域覆盖全图，此时主瓣压制区域干信比为 6.684dB，目标特征完全露出，压制失效，如图 6.23（d）所示。不同 σ_j/σ_t 下压制区域面积与干信比如表 6.5 所示。

表 6.5 不同 σ_j/σ_t 下压制区域面积与干信比

组号	σ_j/σ_t	f_s	f_m	S_{main}	JSR_{main}
(a)	5	10MHz	5Hz	400m²	1.132dB
(b)	5	20MHz	10Hz	1600m²	2.432dB
(c)	5	60MHz	30Hz	14400m²	5.375dB
(d)	5	100MHz	60Hz	40000m²	6.684dB

分析原因，因为当反射器 RCS 固定后，虽然调制方式改变，但其总能量不变。随着压制区域的增大，虽然主瓣区域干信比也随着增大，但区域内平均干扰能量降低，而目标能量保持不变，所以特征渐渐暴露。因此，合理设置调制参数，协调压制区域面积和区域内压制能量分布，以求达到最佳压制效果。

第7章 合成孔径雷达干扰试验验证

7.1 一维距离像干扰试验与分析

7.1.1 测试方案

为了测试设计的时间调制反射器对雷达 HRRP 的调控效果，搭建了一个 LFM 信号雷达测试系统。LFM 信号雷达测试系统原理图如图 7.1 所示。

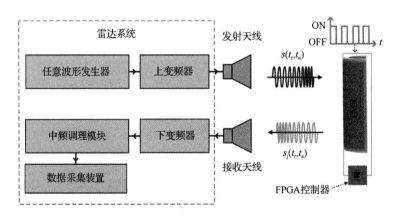

图 7.1 LFM 信号雷达测试系统原理图

对设计的圆柱共形时间调制反射器（TMR）进行雷达回波调制试验，测试场景如图 7.2 所示。在试验中采用的 LFM 信号参数为载频 $f_0 = 10\text{GHz}$，信号带宽 $B = 200\text{MHz}$，脉宽 $T_p = 40\mu\text{s}$。LFM 信号雷达系统包括信号产生系统和信号处理系统。信号产生系统由任意波形发生器（AWG）、上变频器（UC）和发射天线组成。通过任意波形发生器和上变频器产生载频 $f_0 = 10\text{GHz}$ 的 LFM 信号，然后通过发射天线将射频信号发射出去。信号处理系统包括接收天线、下变频器（DC）、中频调理（IFA）模块和数据采集装置。接收天线接收到调制后的回波信号，经下变频器和中频调理模块处理得到中频信号，最后将中频信号保存在数据采集装置中。

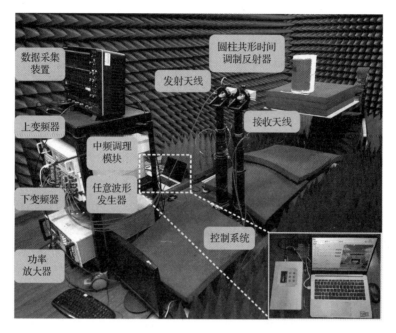

图 7.2 时间调制反射器的雷达试验测试场景

在本试验测试场景中圆柱共形时间调制反射器与雷达天线之间的距离约为 2m。因为设计的圆柱共形时间调制反射器主要用于反射雷达发射的信号，而不是主动接收和转发雷达信号，因此，圆柱共形时间调制反射器的使用距离范围主要取决于雷达的探测范围，而雷达的探测范围与雷达发射功率有关。只要圆柱共形时间调制反射器在雷达有效探测范围内，就可以对雷达形成调控效果。

为了验证圆柱共形时间调制反射器对雷达 HRRP 的调制效果，首先将提出的时间调制反射器原型与半径为 100mm 的圆柱体进行共形，然后将其放置在搭建的暗室雷达试验测试系统中进行测量。试验过程中首先验证垂直极化，采用的调制参数为调制频率 $f_s = 1\text{MHz}$，占空比 $\alpha = 0.4$。

7.1.2 测试结果与效果评估

图 7.3 所示为垂直极化下回波信号时域测量结果。如图 7.3（b）所示，相比于未调制的 LFM 回波信号，经过时间调制反射器周期调制之后的 LFM 信号脉冲在快时间内被分割成若干部分。其中，由于环境噪声和仪器本身的问题，接收到的回波信号不是幅度平坦的线性调频信号，但是其对接收信号的脉冲压缩输出结果基本没有影响。

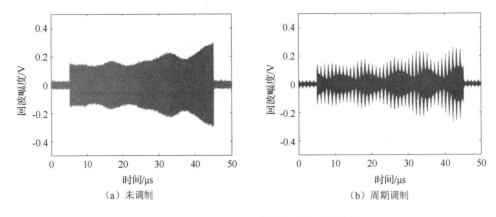

（a）未调制　　　　　　　　　　　（b）周期调制

图 7.3　垂直极化下回波信号时域测量结果

垂直极化下测量的回波信号频谱分布如图 7.4 所示，调制回波信号的频谱呈现出多个离散谐波分量，这些离散谐波分量均匀分布在原始频带内。图 7.5 显示了垂直极化下测量的距离向脉冲压缩输出结果，从图中可以看出，经过调制频率 f_s=1MHz 的周期调制之后，在-300～300m 的距离范围内，可以产生 10 个离散的虚假谐波峰值。这些虚假谐波峰值在雷达图像中将表现为与目标特征相同的虚假点目标，这些离散的虚假点目标具有 60m 的相等距离间隔，假目标峰值的相对位置分别为±60m、±120m、±180m、±240m和±300m。由于生成的假目标峰值的主要能量集中在一阶谐波峰上，因此使用一阶假目标峰的归一化幅度比来定量评估生成的假目标峰的有效性。其中，一阶假目标峰的归一化幅度比分别为 0.58 和 0.39，与仿真结果中归一化幅度比 0.57 相比，差异仅为 0.01 和0.18，测量结果与仿真结果吻合较好。

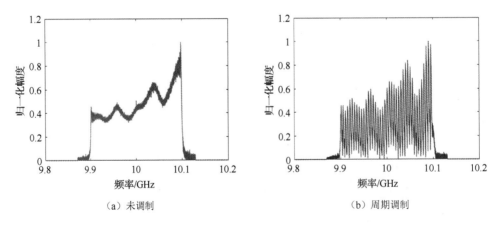

（a）未调制　　　　　　　　　　　（b）周期调制

图 7.4　垂直极化下测量的回波信号频谱分布

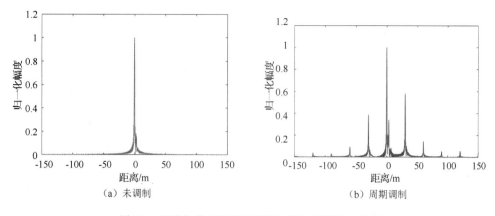

图 7.5　垂直极化下测量的距离向脉冲压缩输出结果

7.2　SAR 成像试验与分析

第 4 章分别对 AFSS 结构的静态反射特性及反射器控制系统进行了相关试验测试，根据已有成果，这里对时间调制 AFSS 反射器动态调控试验进行测试，获得了时间调制 AFSS 反射器的高分辨一维距离像及二维图像，并与理论结果进行比对。

7.2.1　测试方案

待测试验样品：时间调制 AFSS 反射器。

试验设备：控制器一台（并配备计算机调试软件），万用表，工具箱，电源线滚轮，轨道 SAR 合成孔径雷达系统（采用 LFM 信号，回波经 dechirp 处理）。

根据前期对于反射板特性测量结果分析，选择 LFM 信号落于时间调制 AFSS 反射器的调制频带内，反射器具有对雷达信号动态调制的效果。LFM 信号载频为 9.5GHz，带宽为 1GHz，脉宽为 1ms，分辨率为 0.15m。测试过程中通过改变控制器的调制波形参数观察雷达的高分辨一维距离像和二维图像。

测试条件：极化对准，入射角度为 90°，目标距离为 3～10m（找准能观测到距离向延拓的调制波形参数）。

测试场景 1：领结型时间调制 AFSS 反射器未调制与周期调制后成像结果，包括高分辨一维距离像和二维图像。

测试场景 2：树型时间调制 AFSS 反射器未调制与随机编码调制后的成像结果。

测试场景 3：将三块时间调制 AFSS 反射器置于五个角反射器之前，通过随机编码调制，破坏原始目标的成像特征。

测试环境：由于受试验条件限制，本次试验在中山大学电子通信学院实验楼进行，测试场景框架如图 7.6 所示，轨道 SAR 合成孔径雷达系统位于实际场景一端，AFSS 反射器位于雷达轨道正中心法线方向，AFSS 反射器正面对准雷达天线，入射角接近 90°。控制器直接位于 AFSS 材料板的后面，以避免不必要的电磁散射并影响测试结果。实际场景的另一端是墙体，距离雷达系统 11.5m。SAR 系统接收的信号主要包括 AFSS 反射器和墙体反射的回波。

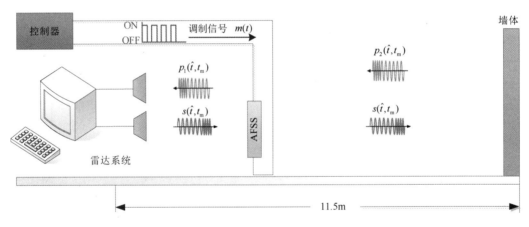

图 7.6　测试场景框架

7.2.2　测试结果与效果评估

测试场景 1：领结型时间调制 AFSS 反射器周期调制。

领结型时间调制 AFSS 反射器实测场景如图 7.7 所示。在成像试验期间，轨道上的天线具有一定的向下倾斜角度，而测得的 AFSS 反射器具有一定的向上倾斜且由控制系统支撑。这样，雷达信号将沿垂直方向照射到 AFSS 反射器，以减小测量误差。由于测试是在外部环境中进行的，因此环境噪声会对测试产生一定的影响，但这不会影响整体试验性能。

（a）雷达系统

（b）时间调制 AFSS 反射器

（c）待测目标所在场景

图 7.7　领结型时间调制 AFSS 反射器实测场景

当时间调制 AFSS 反射器未调制时，二维雷达图像显示在图 7.8（a）中。图 7.8（b）是图 7.8（a）中方位向为零时的高分辨一维距离像。雷达将其位置作为雷达图像中的坐标原点。第一个峰代表时间调制 AFSS 反射器，与原点相距 2.8m。第二个峰代表墙体，它距雷达 11.5m。墙体前的环境噪声会提高图像水平。图 7.8 中的上述场景与图 7.7 中所示的实际场景一致。

紧接着，在图 7.9 中执行 f_s=3.125×10^5Hz，ϕ=0.5，U=10V 的周期 AFSS 调制。在图 7.9（a）二维图像中产生两个虚假峰。从图 7.9（b）可以清楚地看到，原始目标的回波强度被削弱了［在图中执行了归一化处理，因此回波强度基于图 7.8（b）和图 7.9（b）为参考］。在离雷达一定距离的位置会产生几个假峰。根据公式 $r = \dfrac{cnf_s}{2K_r}$ 和 $K_r = \dfrac{B}{T_P}$，虚假峰的相对位置分别位于 49.675m、96.55m、143.425m、190.3m，因此测量结果与理论分析相符。

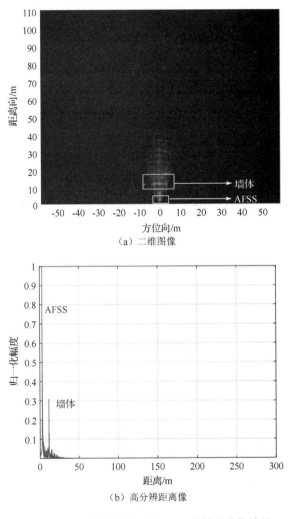

（a）二维图像

（b）高分辨距离像

图 7.8　未调制时时间调制 AFSS 反射器成像结果

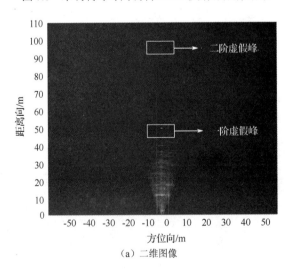

（a）二维图像

图 7.9　周期调制时 AFSS 反射器成像结果

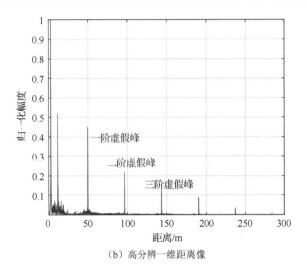

（b）高分辨一维距离像

图 7.9 周期调制时 AFSS 反射器成像结果（续）

测试场景 2：树型时间调制 AFSS 反射器随机编码调制。

将设计的树型时间调制 AFSS 反射器替换原有的领结型时间调制 AFSS 反射器，并置于离雷达轨道中心距离 4.6m 处，雷达发射 LFM 信号载频为 10GHz，带宽为 1GHz，脉宽为 2ms。正前视测试场景如图 7.10（a）所示，树型时间调制 AFSS 反射器整体结构如图 7.10（b）所示。

当时间调制 AFSS 反射器未调制时，雷达二维成像结果如图 7.11（a）所示，第一亮点代表时间调制 AFSS 反射器，与原点相距 4.6m。图中 11.5m 距离向处，有一条带状区域，代表墙体，与图 7.10 原始场景相符。

（a）正前视测试场景

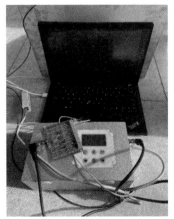

（b）树型时间调制 AFSS 反射器整体结构

图 7.10 树型时间调制 AFSS 反射器实测场景

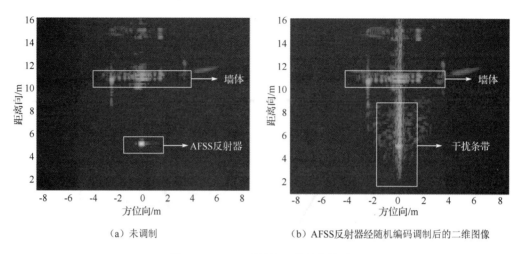

（a）未调制 （b）AFSS反射器经随机编码调制后的二维图像

图 7.11　AFSS 反射器二维成像结果

在控制器端，采用随机编码调制波形，码元宽度为 1μs，占空比为 0.5，电压 $U=11.5V$。图 7.11（b）为 AFSS 反射器经随机编码调制后的二维图像，未调制时在 4.6m 处形成的亮点沿距离向扩散，形成了一条亮线，原始目标特征遭到破坏。此时目标图像抑制比为 4.4421dB，图像相关系数为 0.7442。

测试场景 3：角反射器特征调制场景。

将 5 个角反射器置于距离雷达 5.5～6m 处，在方位向分开摆放。雷达信号参数与测试场景 2 中的相同，信号载频为 10GHz，带宽为 1GHz，脉宽为 2ms。角反射器测试场景如图 7.12 所示。

（a）雷达系统 （b）角反射器

图 7.12　角反射器测试场景

图 7.13 给出了 5 个角反射器的二维成像结果，在距离向 5.5～6m、方位向-1～1m

范围内，明显能看到 5 个强散射点，代表相应位置的角反射器。同时，5 个强散射点之后又出现了相似模样的 5 个次强散射点，其有可能是多径效应造成的。距离向 11.5m 的亮线代表墙体，图 7.13 中的成像结果与图 7.12 中的实际场景一致。

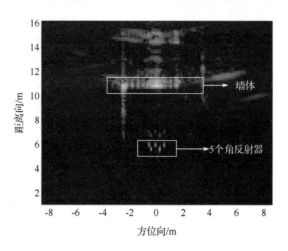

图 7.13　5 个角反射器的二维成像结果

将 3 个树型时间调制 AFSS 反射器置于 5 个角反射器之前，使角反射器难以被雷达波照射，如图 7.14 所示。在控制器端，采用随机编码调制波形，码元宽度为 1μs，占空比为 0.5，电压 U=11.5V。本场景通过对 AFSS 反射器进行随机编码调制，改变原始场景目标的成像特征。

图 7.14　3 个树型时间调制 AFSS 反射器测试场景

如图 7.15（a）所示，当 AFSS 反射器未调制时，在雷达二维图像上 5.4m 处看到了 3 个强散射点，代表 3 个 AFSS 反射器。图 7.15（b）所示为 AFSS 反射器经随机编码调制后的二维图像，未调制时在 5.4m 处形成的亮点沿距离向扩散，形成了 3 条亮线，原始目标特征遭到破坏。

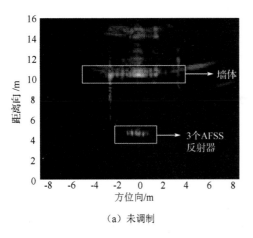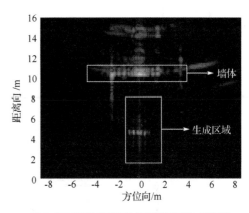

（a）未调制　　　　　　　　　　　（b）AFSS反射器经随机编码调制后的二维图像

图 7.15　AFSS 反射器二维成像结果

参考文献

[1] OLIVER C, QUEGAN S. Understanding Synhthetic Aperture Radar Images [M]. Boston & London: Artech House, 2004.

[2] 保铮, 邢孟道, 王彤. 雷达成像技术[M]. 北京: 电子工业出版社, 2005.

[3] 周一宇, 安玮, 郭富成. 电子对抗原理与技术[M]. 北京: 电子工业出版社, 2014.

[4] 赵国庆. 雷达对抗原理[M]. 2 版. 西安: 西安电子科技大学出版社, 2012.

[5] 陈静. 雷达无源干扰原理[M]. 北京: 国防工业出版社, 2009.

[6] WU R, CUI T. Microwave metamaterials: from exotic physics to novel information systems [J]. Frontiers of Information Technology & Electronic Engineering, 2020, 21(1):4-26.

[7] PACE P, FOUTS D, EKESTORM S, et al. Digital false-target image synthesiser for countering ISAR [J]. IET Radar, Sonar and Navigation. 2002, 149 (5): 248-257.

[8] HARNESS R, BUDGE M. A study on SAR noise jamming and false target insertion [C]. In SOUTHEASTCON. Lexington, KY, USA, 2014: 1-8.

[9] 王雪松, 肖顺平, 李永祯, 等. 合成孔径雷达微动干扰[M]. 北京: 科学出版社, 2016.

[10] 李永祯, 黄大通, 邢世其, 等. 合成孔径雷达干扰技术研究综述[J]. 雷达学报, 2020, 9(5): 754-764.

[11] TAI N, PAN Y, YUAN N. Quasi-coherent noise jamming to LFM radar based on pseudo-random sequence phase-modulation[J]. Radioengineering, 2015, 24(4): 1013-1024.

[12] ZHOU F, ZHAO B, TAO M, et al. A large scene deceptive jamming method for space-borne SAR [J]. IEEE Transactions on Geoscience and Remote Sensing, 2013, 51(8): 4486-4495.

[13] ZHAO B, ZHOU F, TAO M, et al. Improved method for synthetic aperture radar scattered wave deception jamming[J]. IET Radar, Sonar & Navigation, 2014, 8(8): 971-976.

[14] XU L, FENG D, PAN X, et al. An improved digital false-target image synthesizer method for countering inverse synthetic aperture radar[J]. IEEE Sensors Journal, 2015, 15(10): 5870-5877.

[15] YANG Y, ZHANG W, YANG J. Study on frequency-shifting jamming to linear frequency modulation pulse compression radars [C]. IEEE Wireless Communications & Signal Processing International Conference, 2009.

[16] 白雪茹, 孙广才, 周峰, 等. 基于旋转角反射器的 ISAR 干扰新方法[J]. 电波科学学报. 2008, 23(5): 867-872.

[17] 刘业民. 对 SAR-GMTI 有源欺骗干扰方法的研究[D]. 长沙: 国防科学技术大学, 2010.

[18] 刘永才. 基于卷积调制的 SAR 有源欺骗干扰技术[D]. 长沙: 国防科学技术大学, 2013.

[19] WANG X, LIU J, ZHANG W, et al. Mathematic principles of interrupted-sampling repeater jamming (ISRJ) [J]. SCIENCE IN CHINA SERIES FINFORMTION SCIENCES, 2007, 50:113-123.

[20] 刘晓斌. 雷达半实物仿真信号收发处理方法及应用研究[D]. 长沙：国防科技大学, 2018.

[21] 吴其华. 宽带雷达信号间歇采样调制方法及应用研究[D]. 长沙：国防科技大学, 2019.

[22] WEI X, XU S, PENG B, et al. False-target image synthesizer for countering ISAR via inverse dechirping [J]. Journal of Systems Engineering and Electronics, 2016, 27(1): 99-110.

[23] 胡东辉, 吴一戎. 合成孔径雷达散射波干扰研究[J]. 电子学报. 2002, 30 (12):1882-1884.

[24] XU L, FENG D, LIU Y, et al. A three-stage active cancellation method against synthetic aperture radar[J]. IEEE Sensors Journal, 2015, 15(11): 6173-6177.

[25] WU Q, LIU J, WANG J, et al. Improved Active Echo Cancellation Against Synthetic Aperture Radar Based on Nonperiodic Interrupted Sampling Modulation [J]. IEEE Sensors Journal, 2018, 18(11): 4453-4461.

[26] WU Q, ZHAO F, WANG J, et al. Improved ISRJ-Based Radar Target Echo Cancellation

Using Frequency Shifting Modulation [J]. Electronics, 2019, 8(1):1-15.

[27] 李宏, 薛冰, 赵艳丽. 雷达欺骗干扰的现状和困惑[J]. 航天电子对抗. 2019, 35(4): 1-5.

[28] 张志远, 张介秋, 屈绍波, 等. 雷达角反射器的研究进展及展望[J]. 飞航导弹, 2014(4): 64-70.

[29] 燕佳欣, 吴建华, 时君友, 等. 雷达吸波涂层材料的研究进展[J]. 表面技术, 49(5): 155-169.

[30] WALSER R M. Electromagnetic metamaterials[J]. Proceeding. SPIE, 2001, 4467:1-16.

[31] CUI T, QI M, WAN X, et al. Coding metamaterials, digital metamaterials and programmable metamaterial[J]. Light: Science & Applications, 2014, 4(9): e218.

[32] MUNK B. Frequency selective surfaces: theory and design [M]. New York, NY, USA: Wiley, 2000.

[33] CHEN H, LU W, LIU Z, et al. Experimental Demonstration of Microwave Absorber Using Large-Area Multilayer Graphene-Based Frequency selective Surface[J]. IEEE Transaction on Microwave Theory and Techniques, 2018, 66(8):3807-3816.

[34] 陈谦, 江建军. 有源频率选择表面研究进展及应用前景[J]. 电子元件与材料, 2012, 31(8): 80-86.

[35] TENNANT A, CHAMBERS B. A single-layer tunable microwave absorber using an active FSS [J]. IEEE Microwave and wireless Components Letters, 2004, 14(1): 46-47.

[36] TENNANT A, CHAMBERS B. Adaptive radar absorbing structure with PIN diode controlled active frequency selective surface[J]. Smart materials & Structures, 2004, 13(1):122-125.

[37] KONG P, YU X, ZHAO M, et al. Switchable frequency seletive surfaces absorber/ reflector for wideband applications[J]. Journal of Electromagnetic Waves and Applications, 2015, 29(11): 1473-1485.

[38] GHOSH S, SRIVASTAVA K. A Polarization-Independent Broadband Multilayer Switchable Absorber Using Active Frequency Selective Surface [J]. IEEE Antennas and Wireless Propagation Letters, 2017, 16: 3147-3150.

[39] LI H, COSTA F, WANG Y, et al. A Wideband Multifunctional Absorber/Reflector With Polarization-Insensitive Performance [J]. IEEE Transactions on Antennas & Propagation, 2020, 68(6): 5033-5038.

[40] CHAMBERS B, TENNANT A. The phase-switched screen[J]. IEEE Antennas Propagation Magazine, 2004, 46(6): 23-27.

[41] 谢少毅. 相位调制频率选择表面隐身技术研究[D]. 长沙: 国防科学技术大学, 2015.

[42] 傅毅, 洪涛. 多层相位调制表面电控方案优化及其对散射特性的影响[J]. 应用科学学报, 2016, 34(3): 237-250.

[43] WANG Y, TENNANT A. Experimental time-modulated reflector array[J]. IEEE Transactions on Antennas & Propagation Anten. Prop, 2014, 62(12): 6533-6536.

[44] ZHANG L. Space-time-coding digital metasurfaces[J]. Nature Communications, 2018, 9(1):4334.

[45] JIA Y, LIU Y, GUO Y, et al. Broadband Polarization Rotation Reflective Surfaces and Their Applications to RCS Reduction[J]. IEEE Transactions on Antennas & Propagation, 2016, 64(1): 179-188.

[46] LUO Y, KIKUTA K, HAN Z, et al. An Active Metamaterial Antenna With MEMS-Modulated Scanning Radiation Beams[J]. IEEE Electron Device Letters, 2016, 37(7): 920-923.

[47] BRYANT A, LU L, SANTI E, et al. Physical modeling of fast PIN diodes with carrier lifetime zoning, Part I: Device model [J]. IEEE Trans. Power Electron, 2008, 23(1): 189-197.

[48] SCHITTNY R, KADIC M, BÜ T, et al. Metamaterials Invisibility cloaking in a diffusive light scattering medium[J]. Science, 2014, 345(6195):427-429.

[49] TIAN J, CAO X, CAO J, et al. Reconfigurable time-frequency division multiplexing metasurface: giving a helping hand to high signal-to-noise ratio and high data holographic imaging[J]. Optics Express, 2021, 29(13):20286-20298.

[50] ZHANG L. A wireless communication scheme based on space- and frequency- division multiplexing using digital metasurfaces[J]. Nature Electronics, 2021, 4(3):218-227.

[51] WANG J, FENG D, XU Z, et al. Time-Domain Digital-Coding Active Frequency Selective Surface Absorber/Reflector and Its Imaging Characteristics[J]. IEEE Transactions on Antennas & Propagation, 2021, 69(6): 3322-3331.

[52] 王俊杰, 冯德军, 隋冉, 等. 基于非周期 PSS 的 SAR 目标特征操控方法研究[J]. 电子学报, 2023, 51(3): 564-572.

[53] 贾菲, 鲍红权, 徐铭. 吸波型雷达无源干扰材料研究进展与应用[J]. 舰船电子对抗,

2015, 38(2): 7-11.

[54] 祝寄徐, 裴志斌, 屈绍波, 等. 一种加载超材料吸波屏的新型二角形反射器的设计 [J]. 空军工程大学学报, 2013, 14(6): 85-88.

[55] 张泽奎, 王东红. 基于超材料的 RCS 增强器设计[J]. 无线电工程, 2017, 47(5): 67-70.

[56] 张然. 相位调制表面的特性及其雷达效应研究[D]. 长沙: 国防科学技术大学, 2016.

[57] 刘蕾. 电控可调无源散射体雷达特性研究[D]. 长沙: 国防科学技术大学, 2016.

[58] CHATTERJEE A, PARUI S. Performance Enhancement of a Dual-BandMonopole Antenna by Using a Frequency-Selective Surface-Based Corner Reflector[J]. IEEE Transactions on Antennas & Propagation, 2016, 64(6): 2165-2171.

[59] 雷雪, 邹义童, 尚玉平, 等. 基于超表面的顿二面角结构后向散射增强设计[J]. 电子元件与材料. 2019, 38(8): 99-105.

[60] 徐乐涛. 基于间歇调制的合成孔径雷达目标特征控制研究[D]. 长沙: 国防科学技术大学, 2016.

[61] 宋鲲鹏. 电控可调方向回溯阵及其雷达效应研究[D]. 长沙: 国防科学技术大学, 2019.

[62] 许锦. 基于吸波材料的无源干扰新方法研究[D]. 西安: 西安电子科技大学, 2015.

[63] WANG R, WANG X, CHENG S, et al. Plasma Passive Jamming for SAR Based on the Resonant Absorption Effect [J]. IEEE Transactions. Plasma science. 2018, 46(4): 928-933.